# InDesign 2022 设计基础+商业设计实战

陈博 李晓琳 夏磊 / 编著



人民邮电出版社
北京

**图书在版编目（CIP）数据**

InDesign 2022设计基础+商业设计实战 / 陈博，李晓琳，夏磊编著. -- 北京 : 人民邮电出版社，2023.7
ISBN 978-7-115-60443-9

Ⅰ. ①I… Ⅱ. ①陈… ②李… ③夏… Ⅲ. ①电子排版—应用软件 Ⅳ. ①TS803.23

中国版本图书馆CIP数据核字(2022)第216527号

## 内 容 提 要

本书是Adobe中国授权培训中心官方推荐教材，针对InDesign 2022软件初学者，深入浅出地讲解软件的使用技巧，用实战案例进一步引导读者掌握该软件的应用方法。

本书分为设计基础篇和商业设计实战篇，共10章。设计基础篇分为8章（第1～8章），主要内容包括基本概念和操作，版面设计，对象，文字的处理，图像，主页和页面的设定，颜色系统、工具和面板，表的使用等。商业设计实战篇分为2章（第9、10章），通过实战案例讲解InDesign 2022在宣传折页设计和画册设计方面的应用。

本书附赠视频教程，以及案例的配套素材，以便读者拓展学习。

本书既适合学习InDesign 2022的初中级用户阅读，也适合作为各院校相关专业学生和培训班学员的教材或辅导材料。

◆ 编　　著　陈　博　李晓琳　夏　磊
责任编辑　张天怡
责任印制　陈　犇

◆ 人民邮电出版社出版发行　　北京市丰台区成寿寺路11号
邮编　100164　　电子邮件　315@ptpress.com.cn
网址　https://www.ptpress.com.cn
固安县铭成印刷有限公司印刷

◆ 开本：787×1092　1/16
印张：9.75　　2023年7月第1版
字数：252千字　　2025年2月河北第4次印刷

定价：69.90元

读者服务热线：(010)81055410　印装质量热线：(010)81055316
反盗版热线：(010)81055315

# 前言

InDesign是全球著名的专业排版软件，由Adobe公司出品，是众多数字艺术设计软件中的旗舰产品。InDesign在排版设计领域应用广泛，其强大的功能为排版和制作带来了很大的便利。InDesign还是学习计算机软件的一个非常好的切入点，既能提高使用者对排版设计的兴趣，也能为学习其他设计软件（如网页、三维和影视类软件）打下良好的基础。本书主要使用InDesign 2022进行讲解和制作。通过对本书的学习，读者不仅能熟练使用InDesign 2022制作作品，还能掌握大量的平面设计技巧。

本书以InDesign 2022为设计媒介，针对该软件的应用功能来划分章节，归纳整理InDesign的设计法则，一步一步带领读者探索其中的奥秘。

## 本书特色

**循序渐进，细致讲解**

无论读者是否具备相关软件的学习基础，是否了解InDesign，都能将本书作为学习的起点。本书通过细致的讲解，帮助读者迅速入门，循序渐进学习相关知识。

**实例为主，图文并茂**

本书第3~10章配有实战案例，案例中的每个步骤都配有插图，帮助读者更直观、清晰地看到操作的过程和结果。（本书案例中的品牌名称、姓名、电话、地址等信息均为虚构，只为展示完整的制作效果。）

**视频教程，互动教学**

本书配套的视频教程内容与书中知识紧密结合并相互补充，帮助读者还原实际工作场景，消化所学的知识、技能以及处理问题的方法，达到学以致用的目的，大大增强了本书的实用性。

## 增值服务

本书配套资源丰富，包含实战案例的配套素材和视频教程。读者可以下载“每日设计”App，搜索本书书号“60443”，在“图书详情”栏目底部获取资源下载链接。

● **图书导读**

① 导读音频：了解本书的创作背景及教学侧重点。

② 思维导图：统览全书讲解逻辑，明确学习流程。

● **软件学习**

① 全书素材文件和源文件：使用和书中相同的素材，边学习边操作，快速理解知识点。

采用理论学习和实践操作相结合的学习方式，更容易加深和巩固学习效果。由于字体版权原因，本书配套资源不提供字体，所以配套源文件效果会与书中案例效果不同，但是不影响读者学习。

② 精良的教学视频：手把手教学，更加生动形象。在"每日设计"App本书页面的"配套视频"栏目，读者可以在线观看全部配套视频。

● **拓展学习**

① 热文推荐：在"每日设计"App本书页面的"热文推荐"栏目，读者可以了解InDesign相关的最新资讯。

② 老师好课：在"每日设计"App本书页面的"老师好课"栏目，读者可以学习其他相关的优质课程，全方位提升自己的能力。

**读者收获**

在学习完本书后，读者不仅可以熟练地掌握InDesign 2022的操作方法，还将对平面设计的技巧有更深入的了解。通过由浅入深的学习，读者可以掌握软件的基本操作和功能应用，将软件操作与设计工作融会贯通。

本书难免存在错漏之处，希望广大读者批评指正。

编者

2023年4月

目录

# 设计基础篇

## 第 1 章 基本概念和操作



## 第 2 章 版面设计



## 第 3 章 对象

## 第 4 章 文字的处理



## 第 5 章 图像

## 第 6 章 主页和页面的设定



## 第 7 章 颜色系统、工具和面板



## 第 8 章 表的使用

# 商业设计实战篇

## 第 9 章 宣传折页设计



## 第 10 章 画册设计

# 设计基础篇

# 第1章
# 基本概念和操作

本章主要讲解InDesign 2022的基本概念和操作，首先讲解InDesign在设计工作中的应用，帮助读者对InDesign的设计知识有一个初步的了解；接下来讲解InDesign 2022的界面、文件的基本操作，为读者后续的学习打下良好的基础。

本章核心知识点：

· 基本概念

· 工作区介绍

· InDesign 2022的基本操作

# 1.1 基本概念

InDesign是由Adobe公司开发的功能强大的专业排版软件。InDesign被广泛应用于产品画册、企业年鉴、专业书籍、广告单页、折页、DM（Direct Mail，直接邮寄，一种广告投放方式）页等的设计中，是图像设计师、包装设计师和印前处理人员常用的软件之一。InDesign 2022在以往版本的基础上进行了升级，功能更加完整、操作更加方便。图1-1所示为使用InDesign 2022排版设计的作品。

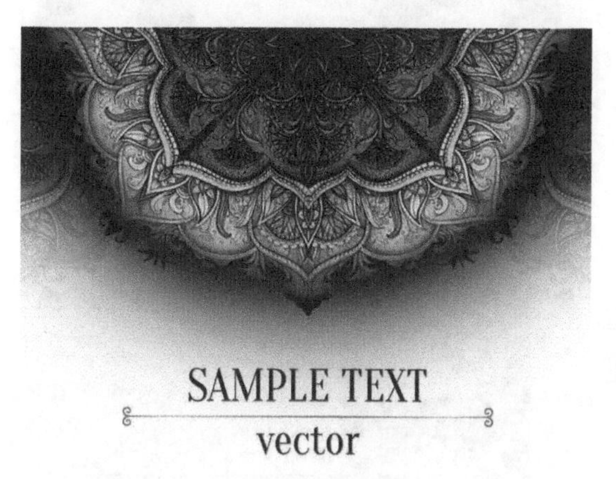


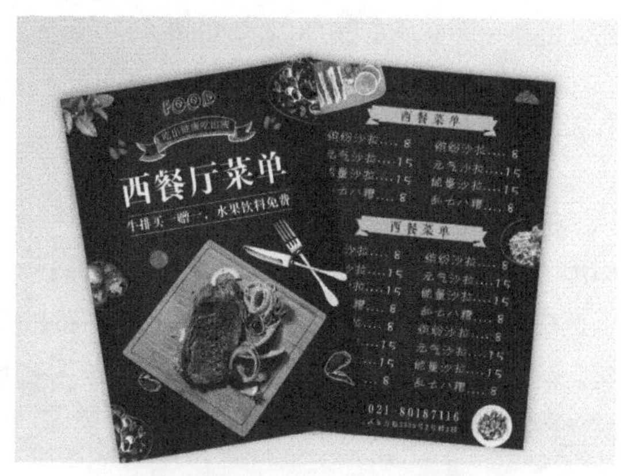

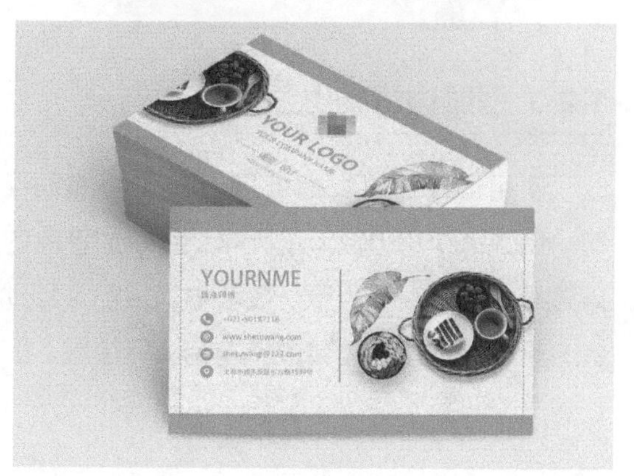


图1-1

相比Photoshop和Illustrator，InDesign在排版方面有着非常独特的功能，例如能够通过主页快捷地为几百甚至几千个页面添加页码，能够快速地导入几百页的Word文档并自动生成页面，还提供了操作非常便捷的段落样式和文字样式等功能。

# 1.2 InDesign 2022的基本操作

InDesign 2022有多种全新的选择和变换功能，可以简化对象的处理。下面将对InDesign 2022的基本操作进行简单的讲解，更多的操作细节会在对应的章节以及实战案例中进行讲解。

### 1.2.1 内容手形抓取工具

导入一张位图图片后，使用选择工具将指针悬停在图片上，图文框中间出现透明圆环，表示此内容可被抓取。指针悬停在圆环内时，变为手形，此时它被称为内容手形抓取工具。在选中内容手形抓取工具的状态下，按住鼠标左键移动内容，改变的是图文框中图片的位置，而不是图文框本身的位置，如图1-2所示。

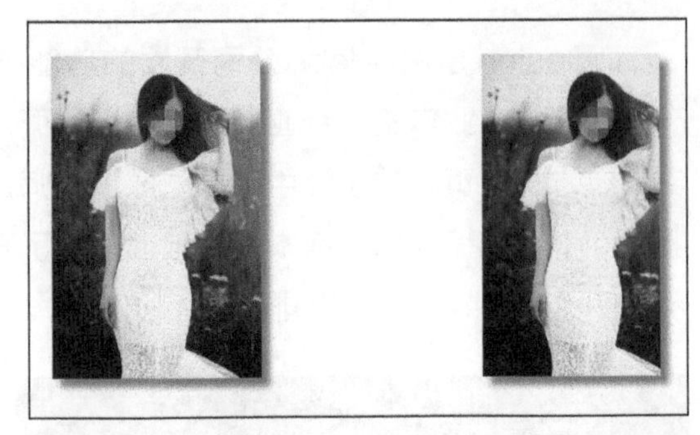

图1-2

### 1.2.2 选择内容或框架

在InDesign 2022中，使用选择工具双击图形框架会选中框架中的内容，如果内容未处于选中状态，那么双击内容会选中该内容的框架。当内容处于选中状态时，也可以单击其框架边缘来选中框架，如图1-3所示。

图1-3

### 1.2.3 框架边缘突出显示

使用选择工具将指针悬停在页面的项目上时，InDesign 2022可以临时绘制出蓝色的框架边缘，如图1-4所示。在选中项目前，移动指针，可以通过蓝色框架边缘确定项目位置。

图1-4

编组的多个对象以虚线方式显示框架，如图1-5所示。在预览模式下，或者在执行“隐藏框架边缘”命令的情况下，该功能尤为有用。

图1-5

### 1.2.4 路径和点突出

使用直接选择工具将指针悬停在某个页面项目上时，InDesign 2022会显示该项目的路径和路径点，如图1-6所示。

此功能更易查看要处理的路径点。不必使用直接选择工具选中该对象，再选择路径点，只需拖曳鼠标指针即可进行查看。

图1-6

### 1.2.5 旋转项目

在InDesign 2022中，无须切换到旋转工具就可以旋转选定的页面项目。利用选择工具，将指针放在角手柄外，然后拖曳角手柄即可旋转项目，如图1-7所示。停止拖曳后，选择工具仍会保持可用状态。

图1-7

### 1.2.6 变换多个选定的项目

利用选择工具，不必再将多个项目编组即可同时调整多个项目的大小，对其进行缩放或旋转。

选中要变换的多个项目后，在选定项目的周围可看到一个变换定界框，如图1-8所示。拖曳鼠标指针即可调整选定元素的大小。按住【Shift】键的同时拖曳鼠标指针，可以按比例调整选定元素的大小；按住【Ctrl】键的同时拖曳鼠标指针，可以对框架和内容元素一同进行缩放；按住【Ctrl】+【Shift】组合键的同时拖曳鼠标指针可以按比例对选定元素进行缩放；按住【Alt】+【Ctrl】+【Shift】组合键的同时拖曳鼠标指针，将按比例对选定元素围绕其中心进行缩放。

图1-8

## 1.3 工作区介绍

工作区域的配置简称为工作区，用户可以从InDesign 2022提供的专业工作区（如基本功能、数字出版、印刷与校样和排版规则等工作区）中选择，也可储存自己的工作区。本书以基本功能工作区为标准进行讲解。

## 1.3.1 工作区基础知识

在InDesign 2022中，可以使用各种元素（如面板、栏、窗口等）来创建以及处理文档和文件。这些元素可以任意排列构成工作区。

启动InDesign 2022，你会发现它的界面与Adobe公司其他几款产品的界面布局差不多，也分为菜单栏、控制面板、工具箱、面板、文档窗口等功能区域，如图1-9所示。

图1-9

下面讲解工作区的各个功能区域。

A 菜单栏：大部分的基本操作能在菜单栏中找到。

B 控制面板：对应不同操作状态的即时命令面板。使用移动工具时，控制面板出现的是关于对象的坐标和尺寸的设置等信息，如图1-10所示；使用文字工具的时候，控制面板出现的是关于字体和段落的设置等信息，如图1-11所示。

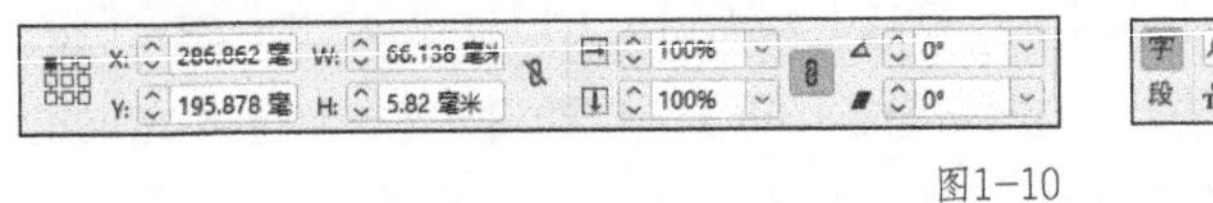

图1-10

图1-11

C 工具箱：包括一些常用的重要工具，InDesign 2022的工具箱里面的工具没有Illustrator那么多，因为它的主要功能不是绘图，操作的方式更多体现在工具与面板的配合使用上。

**提示** 如果工具箱中的工具图标右下方有一个小三角形，那就表示里面有隐藏的工具。在工具图标上单击鼠标右键，可打开隐藏的工具菜单。

D 面板：包括页面、链接、描边、颜色、色板、图层等重要功能。面板在InDesign中的使用频率很高，掌握它的使用方法很重要。

**提示** 在不选中任何项目的情况下，同时按【Shift】+【Tab】快捷键可以快速地隐藏所有面板，再按一次则取消隐藏；按【Tab】键将面板和工具箱一起隐藏。这一点和Photoshop、Illustrator一样，因为它们都是Adobe公司开发的软件，所以有很多相似甚至相同的操作方法，读者可以大胆尝试。

E 文档窗口：排版时的工作窗口，打印和输出文件时有效的打印范围。

## 1.3.2 视图的控制

有关文件视图的操作命令基本位于“视图”菜单下，很多时候可以通过快捷键进行操作。下面将具体地讲解有关视图控制的操作。

### 1. 放大和缩小视图

和Photoshop的控制视图一样，工具箱中的放大镜工具可以起到放大或缩小页面的作用。选中该工具后，指针在画面内显示为带加号的放大镜，单击放大镜工具图标，可实现页面的放大；按住【Alt】键选中该工具后，指针在画面内显示为带减号的放大镜工具图标，单击可实现页面的缩小。使用放大镜工具在页面内圈出部分区域，可实现放大或缩小指定区域。打开“视图”菜单，可以看到相关命令的快捷键提示，如图1-12所示。

| 命令 | 快捷键 |
| --- | --- |
| 放大(I) | Ctrl+= |
| 缩小(O) | Ctrl+- |
| 使页面适合窗口(W) | Ctrl+0 |
| 使跨页适合窗口(S) | Ctrl+Alt+0 |
| 实际尺寸(A) | Ctrl+1 |
| 完整粘贴板(P) | Ctrl+Alt+Shift+0 |

图1-12

### 2. 高倍缩放

使用抓手工具可以高倍缩放整个文档及拖曳鼠标在文档中滚动到任何位置。此功能非常适用于长文档。

（1）单击工具箱中的抓手工具。

（2）按住鼠标左键，文档将缩小，可以看到更多部分的跨页。红框表示视图区域，如图1-13所示。

（3）在按住鼠标左键的情况下，拖曳红框，可以在文档页面之间滚动。此时按键盘的【→】【←】【↓】【↑】键可以更改红框的大小。

（4）释放鼠标左键，可以放大文档的新区域。文档窗口将恢复为其原始缩放百分比或恢复为红框的大小。

图1-13

### 3. 缩放至实际大小

通过以下3种方法可以呈现100%的视图比例。

（1）双击缩放工具。

（2）执行“视图→实际尺寸”命令。

（3）在应用程序栏的“缩放级别”框中键入或选择缩放比例100%。

### 4. 滚动视图

滚动视图可以轻松调整页面或对象在文档窗口中的居中程度。滚动视图的4种操作方法如下。

（1）使用抓手工具来拖曳页面，以显示页面的不同部位。在大多数使用其他工具的情况下按住空格键可短暂激活抓手工具。

（2）单击水平或垂直滚动条，或者拖曳滚动框。

（3）按【Page Up】键或【Page Down】键。

（4）使用鼠标滚轮可实现上下滚动页面，使用鼠标滚轮的同时按住【Ctrl】键可实现左右滚动页面。

### 5. 翻页

在 InDesign 2022中，可以轻松地从文档的一页跳转到另一页。实现翻页的3种方法如下。

（1）单击工作区下方的翻页按钮实现翻页，如图1-14所示。

（2）单击页面框右侧的下拉箭头，在下拉列表的选项中选中某个页面，可跳转到指定页面，如图1-15所示。

（3）打开“页面”面板，双击要跳转的页面缩览图，即可跳转到指定页面，如图1-16所示。

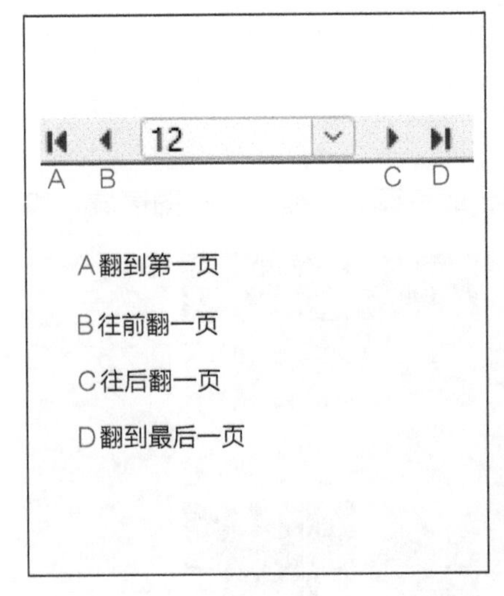


图1-14

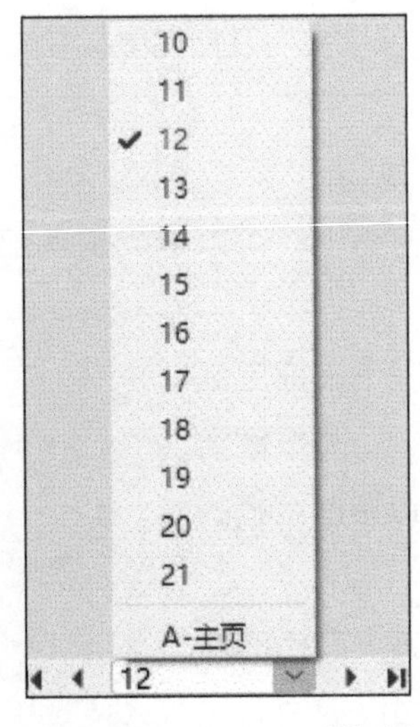


图1-15

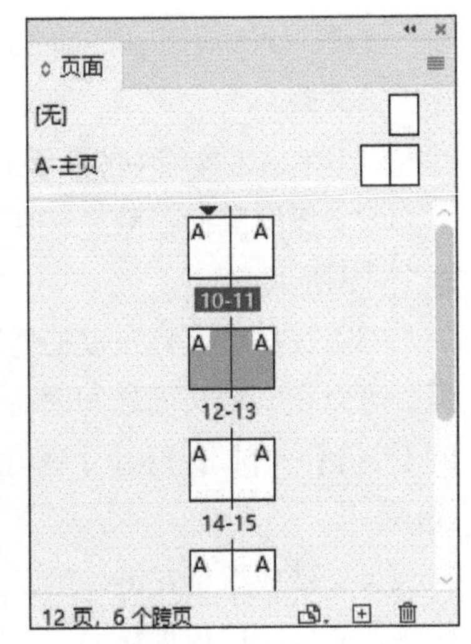


图1-16

## 1.3.3 工具箱

### 1. 工具箱概述

工具箱中的工具可以用于选择、编辑和创建页面元素，以及选择文字、形状、线条和渐变等。

用户可以改变工具箱的形式，以适合窗口和面板。默认情况下，工具箱显示为垂直的一列工具，可以将其设置为垂直两列或水平一行。更改工具箱的形式，可以通过拖曳工具箱的顶端来实现。

工具图标右下角的小三角形箭头表明此工具下有隐藏工具，在其位置上单击鼠标右键，可弹出隐藏工具。当指针悬停在工具图标上时，将出现工具名称及其键盘快捷键。

### 2. 工具概述

**选择和直接选择工具**

在InDesign 2022中，选择并移动某个对象，可使用选择工具；改变路径的形状，可使用直接选择工具。使用这两个工具可以比较简单地移动文字、图形等，但图文框的挪动与文字、图形等的挪动不同。

当导入一张位图照片后，实际上在InDesign 2022中已自动为当前导入的图片创建了一个框架，这个框架是一个路径对象，而这个整体的对象被称为“图文框”。

图1-17所示即图文框的结构示意。

图1-17

当选中一个导入的位图对象后，“属性”面板中会出现图片和框架之间关系的功能按钮，如图1-18所示。有关它们的详细用法会在后面的章节中结合实战案例进行讲解。

图1-18

改变图文框的形状，使用直接选择工具，单击框架上的锚点，然后移动或者使用转换点工具改变其形状即可。

**页面工具**

InDesign 2022中的页面工具支持在一个文件中创建不同尺寸的页面。首先创建一个包含多个页面的文件，然后使用页面工具在页面中单击需要修改尺寸的页面，如图1-19所示。按住【Shift】键的同时可以单击选中多个页面。

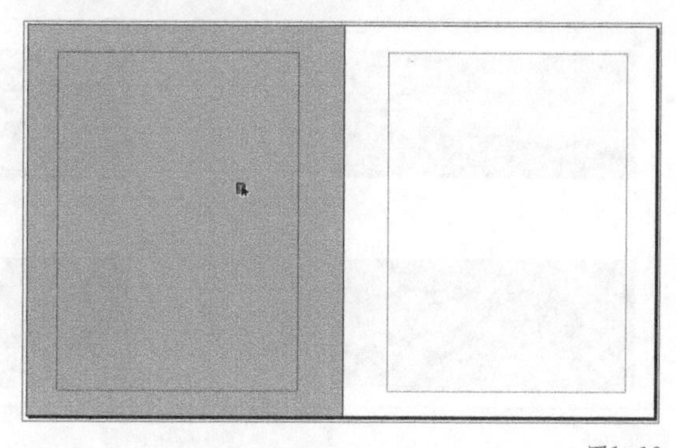
图1-19

此时观察控制面板，在其中可以修改当前页面的尺寸和方向等参数，如图1-20所示。修改其高度为210毫米（W为宽度，H为高度），按【Enter】键确定之后，发现当前的页面变为宽和高都为210毫米的正方形，如图1-21所示。

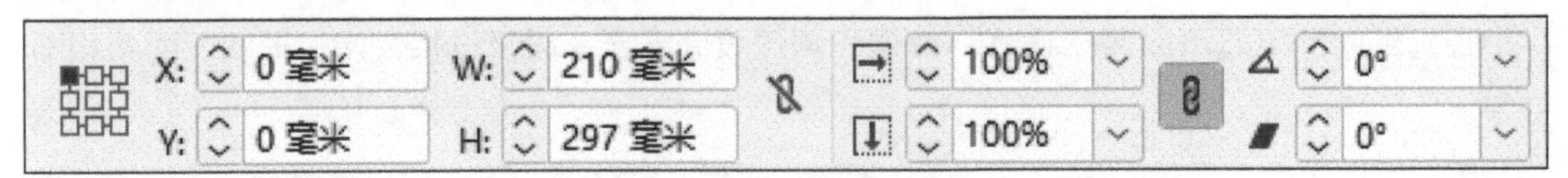


图1-20

使用页面工具可以移动页面的位置，如图1-22所示。

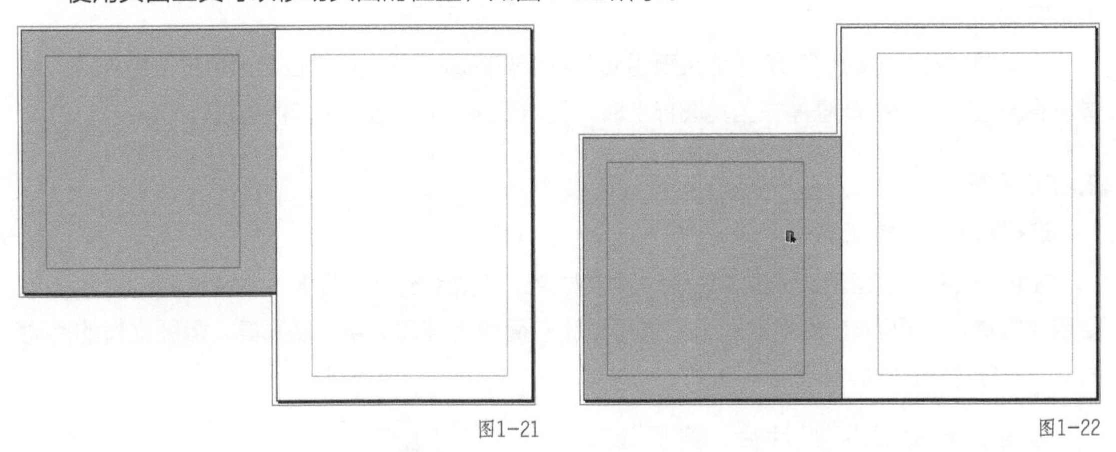

图1-21　图1-22

提示　用户可以在一个文档中为多个页面定义不同的页面大小。在一个文档中实现多种尺寸的设计时，页面工具尤为重要。例如，可以在同一文档中，设计包含名片、明信片、信头和信封等不同尺寸的项目。

**间隙工具**

间隙工具可用于调整两个或多个项目之间间隙的大小。间隙工具通过直接控制空白区域，可以一步到位地调整布局，具体操作如下。

（1）创建两个矩形。

（2）将间隙工具放置到矩形中间的空白位置。

（3）按住鼠标拖曳，即可调整矩形之间的间距，如图1-23所示。

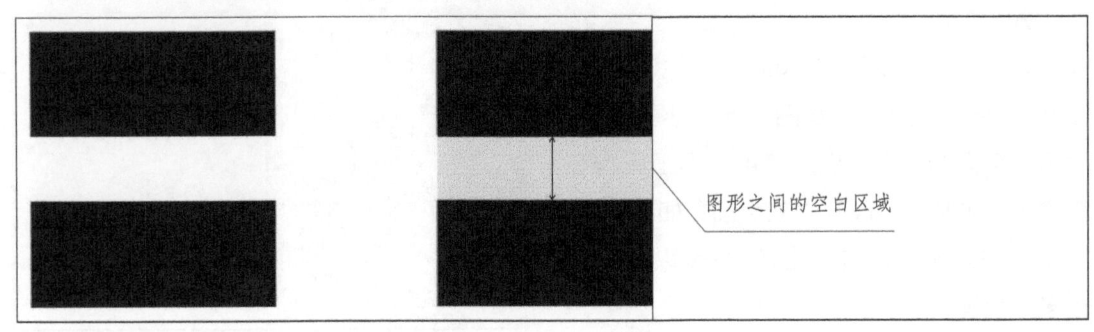


图1-23

**文字系列工具**

InDesign 2022的文字工具一共有4个，如图1-24所示。它们的作用分别是横排文字、竖排文字、横排沿路径排文字和竖排沿路径排文字。

输入文本前，必须先使用文字工具拖曳一个范围，生成一个文本框，然后才能输入文本，如图1-25所示。

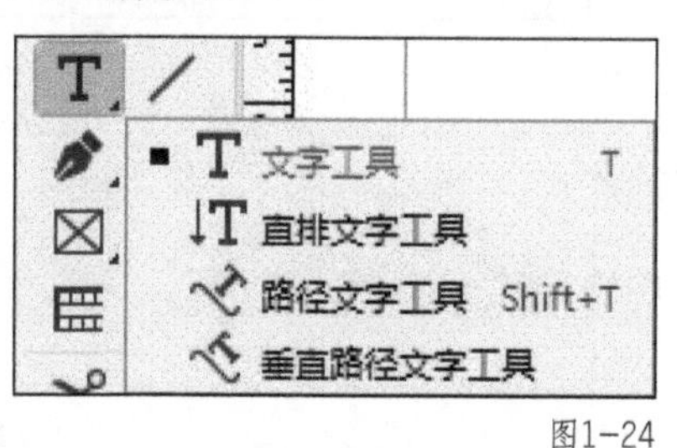


图1-24

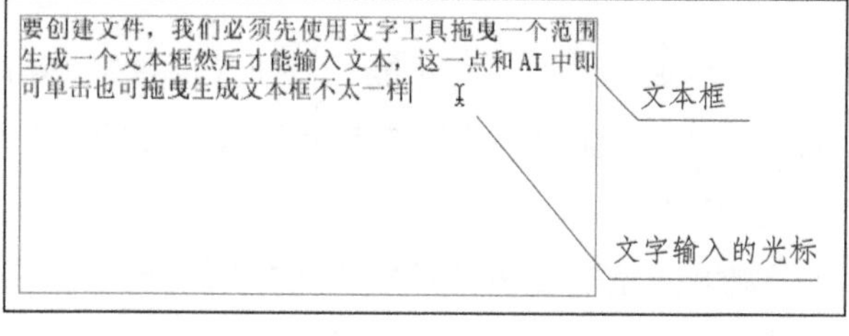


图1-25

> **提示** 在文字很多的情况下，建议采用Word或者记事本事先编辑好，再将文本导入，文字少的时候直接在InDesign中输入即可。

直排文字工具可使输入的文本文字实现竖向排列的效果。选中文本框，执行"文字→排版方向→水平/垂直"命令，即可改变文本框以及文本框内文字排列的方向，使用前后的效果如图1-26所示。

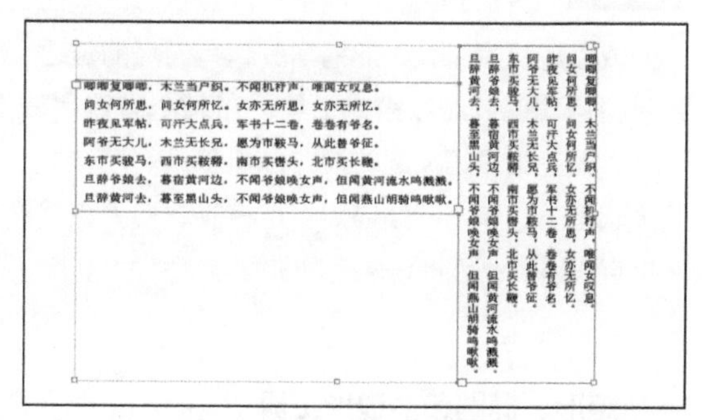

图1-26

当已经有一个路径对象时，可使用路径文字工具或垂直路径文字工具，贴紧路径创建沿路径排文字的效果，如图1-27所示。如果不想保留原有的路径颜色，可使用直接选择工具，单击选中路径，然后在工具箱中设置其线框色为"无"即可，如图1-28所示。

图1-27

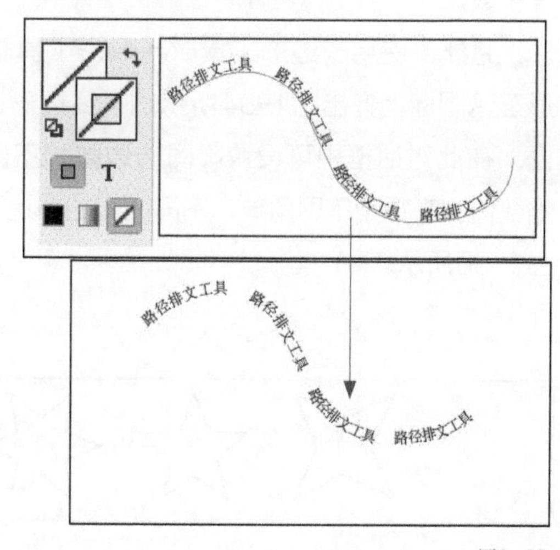


图1-28

**钢笔系列工具**

钢笔系列工具一共有4个，如图1-29所示。它们的用法和Photoshop中的钢笔工具基本一样，在使用钢笔工具时，随时按【Ctrl】键，可以临时切换到直接选择工具，对绘制的路径进行调整。

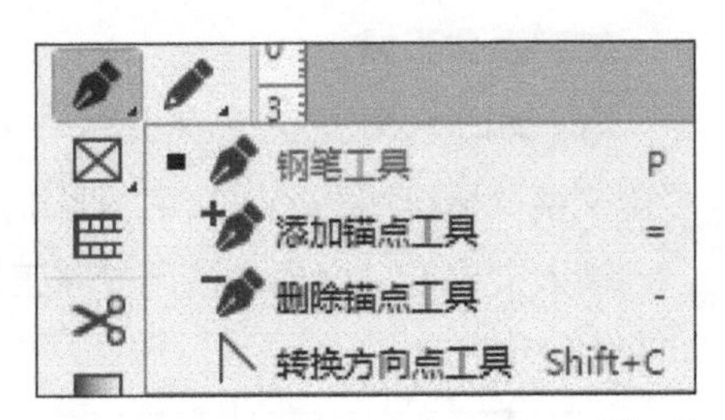

图1-29

在绘制路径时，往往不能一步到位，需要经常调节锚点的数量，此时要用到添加锚点工具、删除锚点工具和转换方向点工具。

添加锚点前后的对比效果如图1-30所示。

删除锚点前后的对比效果如图1-31所示。

转换方向点前后的对比效果如图1-32所示。

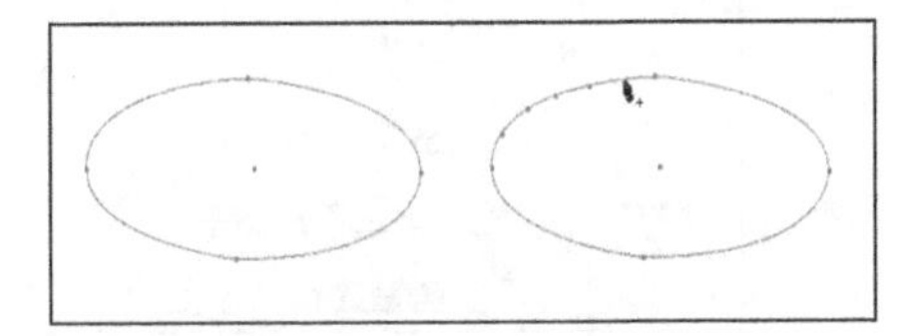
图1-30

图1-31

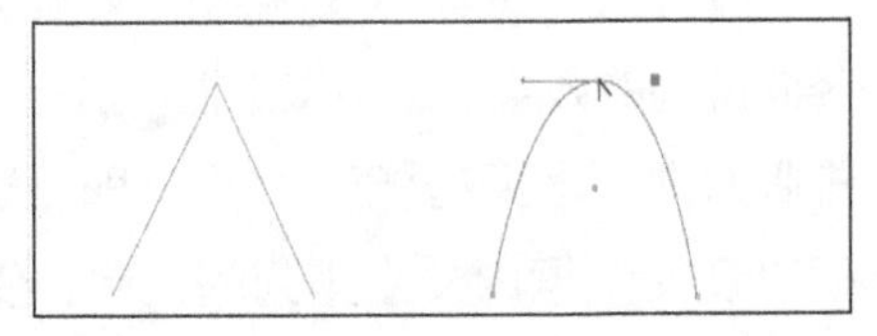
图1-32

**提示** 在默认情况下使用钢笔工具绘制路径时，把钢笔放到路径上无锚点的位置，钢笔工具会自动变成添加锚点工具；把钢笔放到有锚点的位置，钢笔工具会自动变成删除锚点工具；在某个锚点上按【Alt】键，钢笔工具切换到转换方向点工具。在转换方向点工具状态下，单击曲线锚点，可将其转换为直线锚点；拖曳直线锚点，可将其转换为曲线锚点。

**矩形、椭圆和多边形工具**

该系列工具属于最基本的形状工具，也是非常重要的工具，如图1-33所示。当使用它们创建相应的形状时，可在控制面板中设置其宽度和高度，以及线的样式等参数。

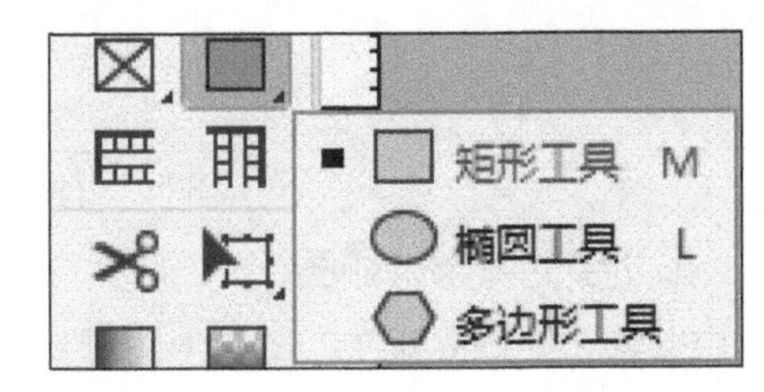

图1-33

另外，使用多边形工具时，双击工具箱中的多边形工具图标，弹出图1-34所示的“多边形设置”对话框，在此对话框中可设置不同的边数和不同的星形内陷数值，来得到不同角数、不同凹度的多边形形状，如图1-35所示。

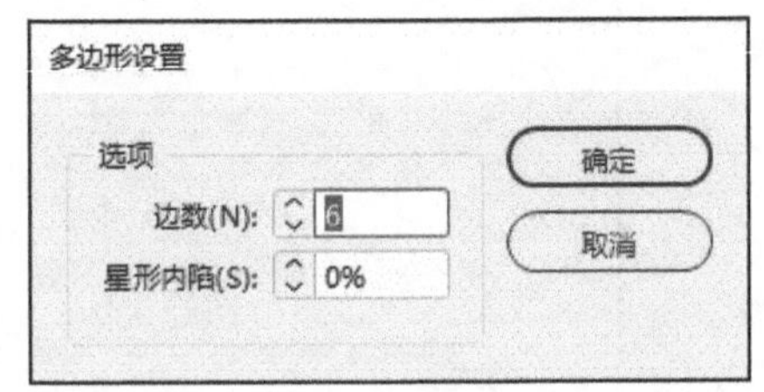

图1-34

图1-35

**变换系列工具**

变换系列工具包括自由变换、旋转、缩放和切变工具，如图1-36所示。

它们的用法和Illustrator中的变换系列工具的使用方法基本相同。需要注意的是，如果是在InDesign 2022中绘制的基本图形，那可以使用这些工具。但如果是导入进来的位图图片，不要对其进行旋转、切变的操作，防止出现错误。

一般情况下，建议把设置位图图片的工作在Photoshop中完成，然后再把图片导入InDesign 2022中。

自由变换工具 E
旋转工具 R
缩放工具 S
切变工具 O

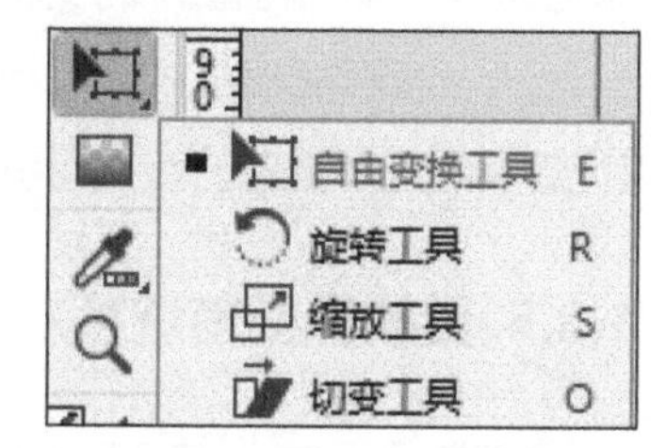

图1-36

**吸管工具**

在InDesign 2022中，吸管工具在颜色主题工具系列中，除颜色主题工具、吸管工具，还包括度量工具，如图1-37所示。

吸管工具在InDesign 2022中非常好用，不仅可以吸取目标对象的颜色，还可以吸取文字的段落样式属性，这是针对排版特有的一项功能。

图1-38所示的为使用文字工具选中一段需要改变属性的文字，先使用吸管工具单击已经设定好属性的文字，将文字的属性（字体、字号等）吸取后再应用到所选中的文字，如图1-39所示。

颜色主题工具 Shift+I
吸管工具 I
度量工具 K

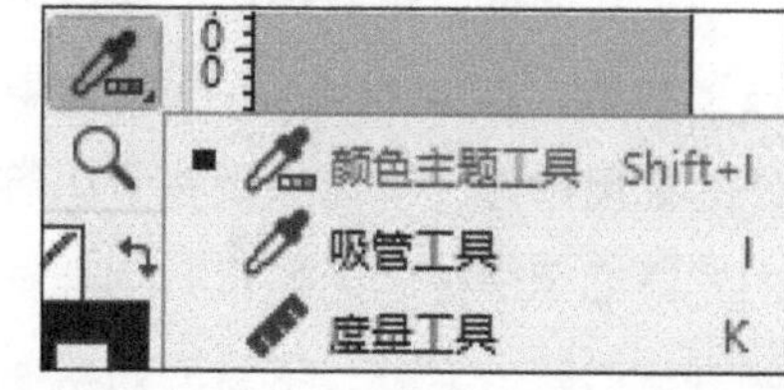

图1-37

古诗
滚滚长江东逝水，浪花淘尽英雄。是非成败转头空。
青山依旧在，几度夕阳红。白发渔樵江渚上，
惯看秋月春风。一壶浊酒喜相逢。古今多少事，都付笑谈中。
古诗

图1-38

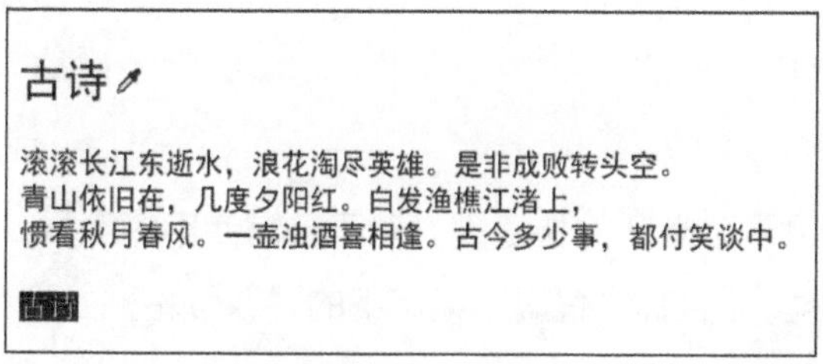

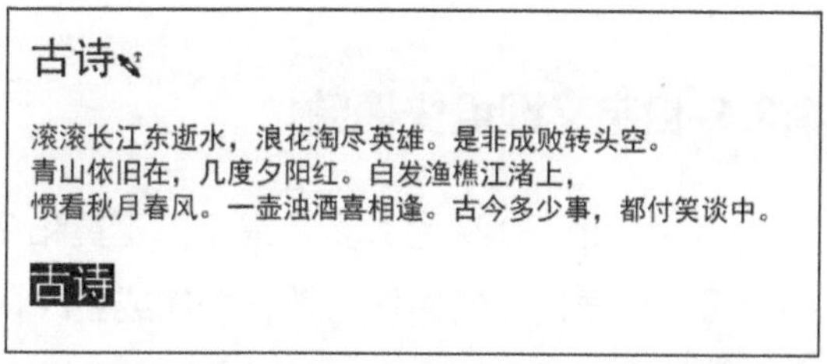

古诗
滚滚长江东逝水，浪花淘尽英雄。是非成败转头空。
青山依旧在，几度夕阳红。白发渔樵江渚上，
惯看秋月春风。一壶浊酒喜相逢。古今多少事，都付笑谈中。
古诗

图1-39

## 1.3.4 关于视图模式

使用工具箱底部的“模式”按钮或执行“视图→屏幕模式”命令，可更改文档窗口的可视性。工具箱单栏显示时，用鼠标右键单击当前的模式按钮，从显示的菜单中选择不同的模式，改变当前视图模式。下面介绍几种常用模式。

（1）正常模式。在标准窗口中显示所有可见网格、参考线、非打印对象、空白粘贴板等内容。

（2）预览模式。完全按照最终输出显示图稿，所有非打印元素（网格、参考线、非打印对象等）都被隐藏。

（3）出血模式。完全按照最终输出显示图稿，所有非打印元素（网格、参考线、非打印对象等）都被隐藏，而文档出血区内的所有可打印元素都会显示出来。

（4）演示文稿模式。全屏显示图稿，所有非打印元素（网格、参考线、非打印对象等）都被隐藏。此模式下，只可浏览图稿，不可对其进行修改。

## 1.3.5 更改界面首选项

首选项设置指定了InDesign 2022文档和对象最初的行为方式。首选项包括面板位置、度量选项、图形及排版规则的显示选项等设置。

按【Ctrl】+【K】快捷键，打开“首选项”对话框，在其中可以修改软件的默认设置参数，如图1-40所示。其中，文档默认的标尺单位、字体的预览大小等，有关它们的详细用法在随后的章节中会结合实战案例进行讲解。另外，不需要对每一个选项卡中的命令都一一掌握，大多数参数是不需要修改的。

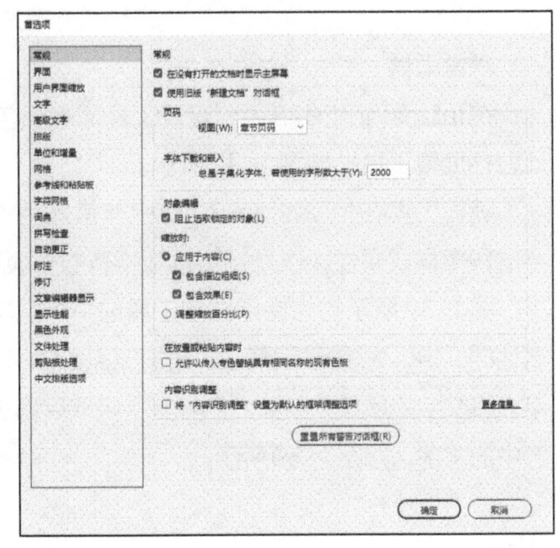

图1-40

## 1.3.6 自定义键盘快捷键

InDesign 2022为大多数常用的工具和命令设置了默认的快捷键。对于经常使用的工具，用户可以根据自己的操作习惯，增加或更改快捷键。例如，“编辑”菜单下的“原位粘贴”命令，就是比较常用的命令，可以通过以下操作为它定义一个快捷键。

（1）执行“编辑→键盘快捷键”命令，打开“键盘快捷键”对话框，在其中的“产品区域”下拉列表中选择“编辑菜单”，在“命令”下的选项栏中选择“原位粘贴”，然后在左下方“新建快捷键”下的文本框位置直接按下想设定的快捷键，如“【Ctrl】+【Shift】+【W】”，如图1-41所示。

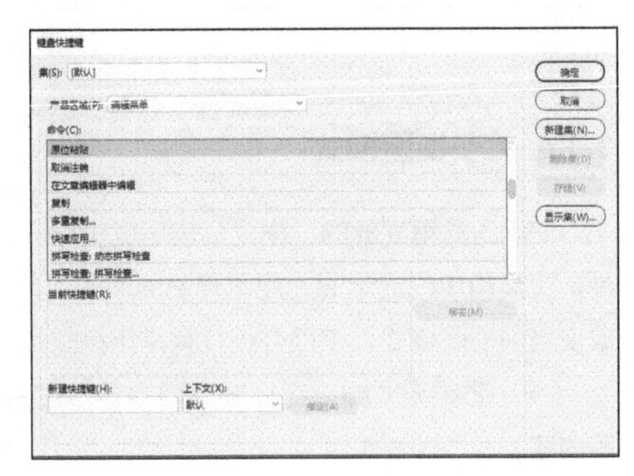

图1-41

（2）单击“确定”按钮，弹出图1-42所示的对话框，单击“是”按钮。

（3）弹出“新建集”对话框，意为创建一个新的快捷键集合文件，单击“确定”按钮即可，如图1-43所示。

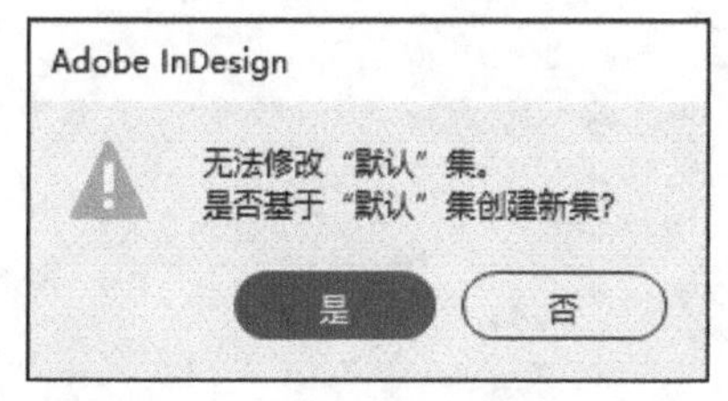


图1-42

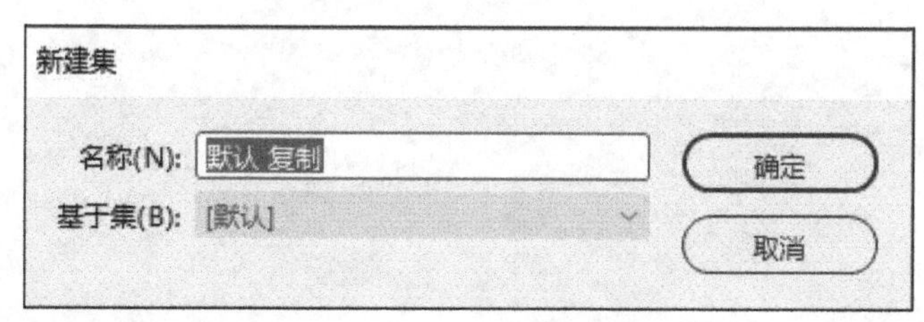


图1-43

提示

本章出现的快捷键如下。

【Tab】：隐藏工具箱和面板

【Shift】+【Tab】：隐藏面板

空格键+【Ctrl】+鼠标左键单击：放大视图比例

空格键+【Ctrl】+【Alt】+鼠标左键单击：缩小视图比例

空格键：切换手形工具

【Ctrl】+【+】：放大视图比例

【Ctrl】+【-】：缩小视图比例

【Ctrl】+【0】：全部适合窗口大小

【Ctrl】+【1】：实际大小

【Ctrl】+【N】：新建文件

【Ctrl】+【O】：打开文件

【Ctrl】+【S】：保存文件

# 第 2 章
# 版面设计

本章主要讲解排版中的基本规范和术语，如版心、出血、对页等。了解这些规范和术语，可以更加方便地学习具体的排版操作技术。

另外，本章还会讲解在排版过程中经常会用到的辅助工具，如标尺、参考线、智能参考线等。

本章核心知识点：

- 文件基本操作
- 更改文档设置、边距和分栏
- 标尺
- 参考线

# 2.1 文件基本操作

## 1. 新建文件

执行“文件→新建→文档”命令，弹出“新建文档”对话框。“新建文档”对话框可以对文件的页数、尺寸、页面方向等进行设置，如图2-1所示。

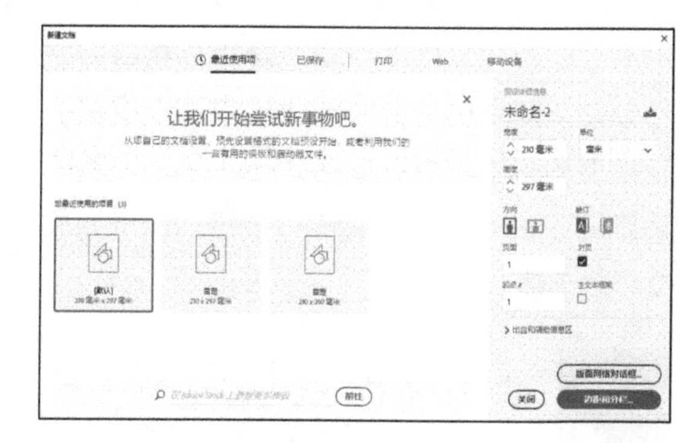


图2-1

### 页数

InDesign 2022支持创建最高达9999页的排版文件。这也是它强大排版功能的一个体现。

**提示** 在实际的工作中，最好不要创建特别多页面的文件，否则计算机容易死机，根据实际情况设定页数即可。如果页数过多，可考虑根据内容适当分成两个或多个文件进行排版，最终检查无误后合并在一起。

### 对页

选择“对页”选项，可以使双页面跨页中的左右页面彼此相对，如图书和杂志。取消选择“对页”选项，可以使每个页面彼此独立。例如，创建一个10页的文件，选择“对页”选项后，“主页”的显示情况如图2-2所示，未选择“对页”选项的“主页”的显示情况如图2-3所示。

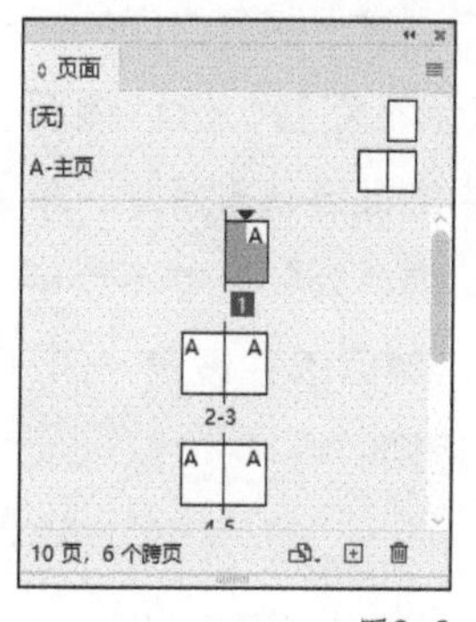


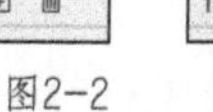

图2-2

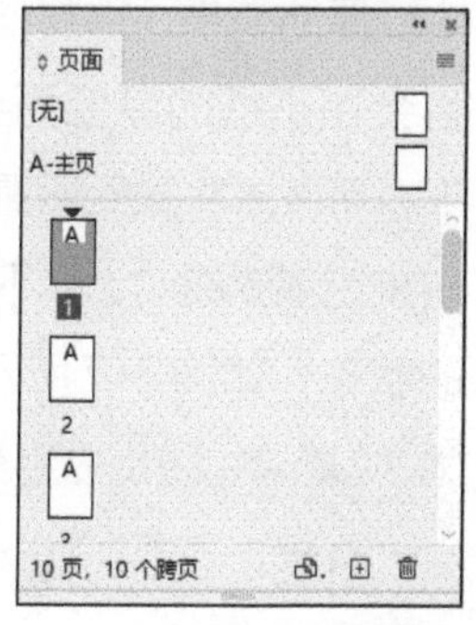


图2-3

**提示** 通常情况下，设计画册或者图书时，需要勾选“对页”选项；设计单页、海报时，不需要勾选“对页”选项。

### 出血和辅助信息区

单击“新建文档”对话框右方的“出血和辅助信息区”按钮后，“新建文档”对话框出现了出血的尺寸设置，如图2-4所示。默认出血的尺寸为3毫米，通常情况采用默认出血尺寸即可。

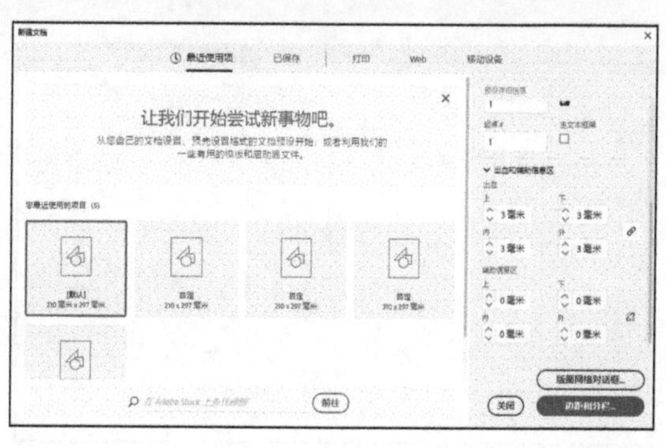


图2-4

### 边距和分栏

“新建文档”对话框中没有“确定”按钮，是因为还未完成页面设置的所有内容。单击“边距和分栏”按钮，弹出“新建边距和分栏”对话框，在此对话框中可以设置边距数值和分栏数值，如图2-5所示。设置好边距和分栏后单击“确定”按钮，即可完成文档的创建。

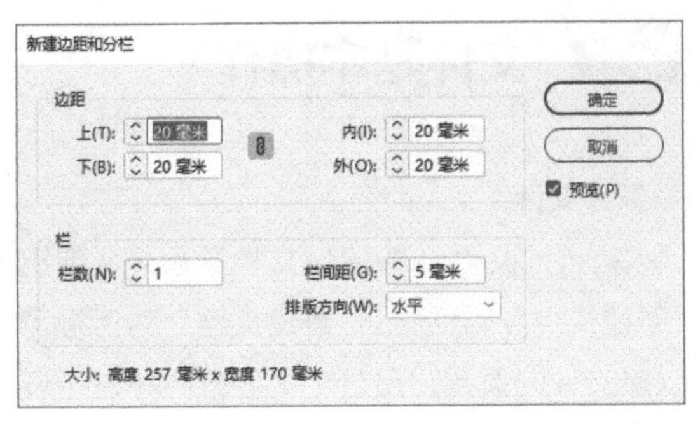


图2-5

> **提示** 边距设定的是图书或画册的“版心”距离页面边界的尺寸，此时创建出来的页面在四周出现蓝色和紫色的线，如图2-6所示。这些线是非打印的辅助线，只是表示版心所在的范围。

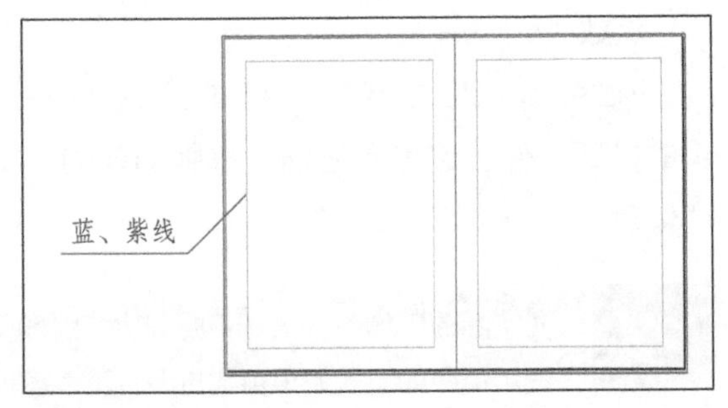


图2-6

版心的尺寸根据实际情况来设定，如果是比较厚的书籍，那要考虑到靠近装订方向的内容会由于纸的厚度而显示不完整，这种情况下，可考虑将边距设置中的锁定状态解除，单击按钮变成“上、下、内、外”尺寸不锁定的状态，如图2-7所示。然后单独设置“内”为30毫米，防止内容被遮挡。

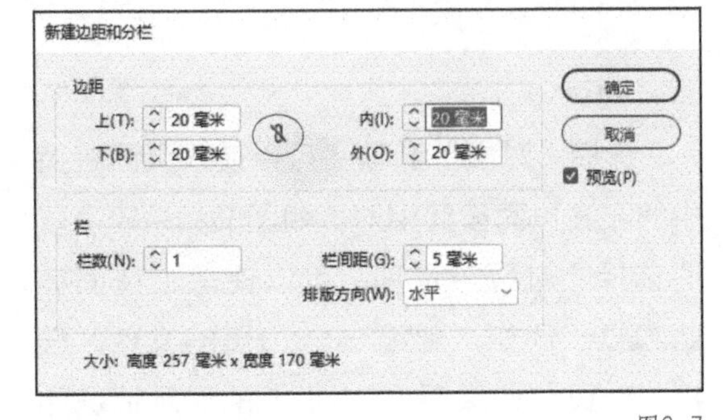


图2-7

### 分栏

分栏可以为页面建立分栏的框架。图2-8所示的为设置分栏栏数为4的效果。

> **提示** 设置分栏后，向页面中导入大量文字，文字会自动根据分栏的设置进行排列，如图2-9所示。有时文字在InDesign 2022中呈灰条的显示状态，这是因为当文字缩小到一定的视图比例时，InDesign 2022会自动以灰条显示文字效果，这样可以加快屏幕的刷新速度。

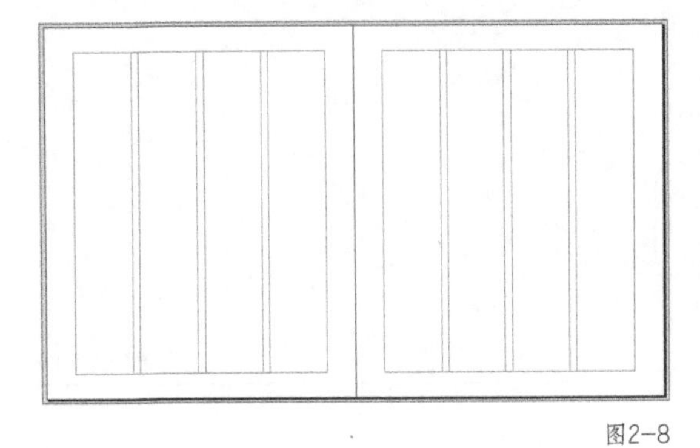

图2-8

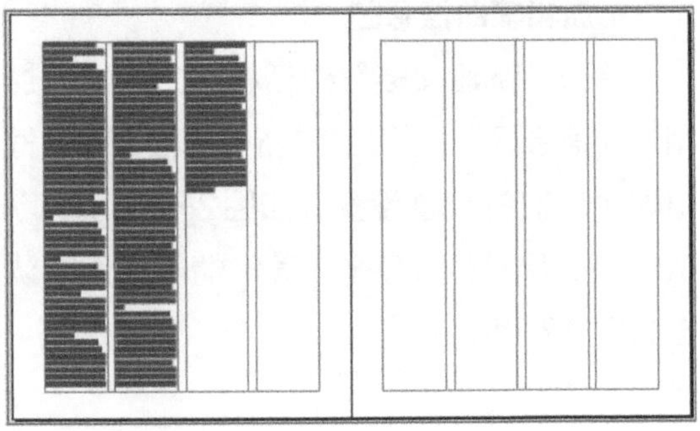

图2-9

**版面网格**

创建页面的流程为“创建一个新文档→设置页面→边距和分栏”，或“创建一个新文档→设置页面→版面网格”。以“网格”作为排版基础的工作流程仅适用于InDesign 2022亚洲语言版本。执行“网格”命令时，文档中将显示方块网格；在页面大小设置中可设置各个版面方块的数目（行数或字数），页边距也可由此确定。在“新建版面网格”对话框中，可以设置以网格单元为单位在页面上准确定位对象，如图2-10所示。单击“确定”按钮后，文档窗口中会出现设定好的版面网格，如图2-11所示。

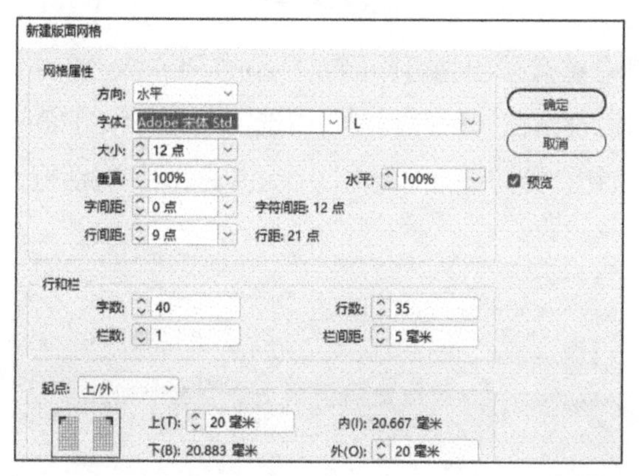


图2-10

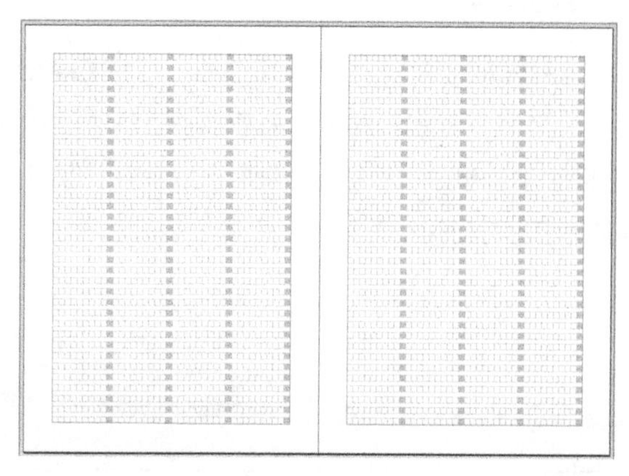

图2-11

## 2. 打开文件

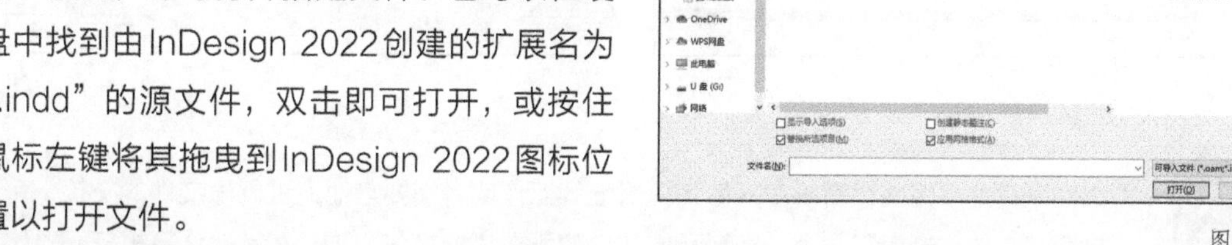

执行“文件→打开”命令，弹出“打开文件”对话框，如图2-12所示，在此对话框中选择需要打开的文件，单击右下角的“打开”按钮，即可打开指定文件。也可以在硬盘中找到由InDesign 2022创建的扩展名为“.indd”的源文件，双击即可打开，或按住鼠标左键将其拖曳到InDesign 2022图标位置以打开文件。

图2-12

## 3. 置入文件

在InDesign 2022中，执行“文件→置入”命令，系统将弹出“置入”对话框，如图2-13所示。这个命令主要是针对Photoshop处理的照片、Illustrator创建的Logo（标志）、Word或记事本创建的文本文件的导入。

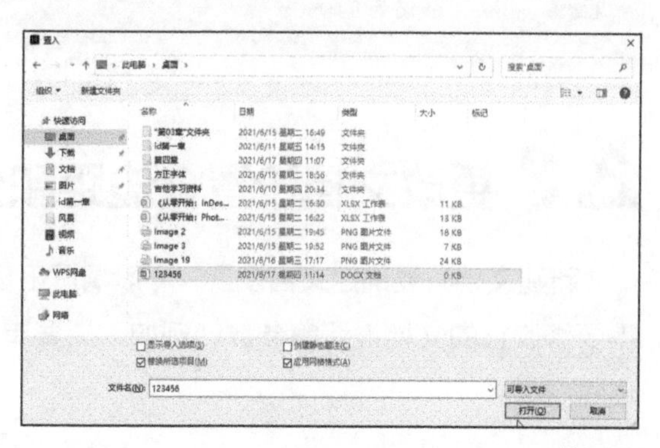

图2-13

### 4. 保存文件

在InDesign 2022中执行“文件→存储”命令或按【Ctrl】+【S】快捷键即可保存文件。

> **提示** 为了应对计算机突然死机的状况，设计师应该养成随时按【Ctrl】+【S】快捷键保存文件的良好习惯。InDesign 2022非常人性化，当计算机出现意外退出或断电的情况时，InDesign 2022会自动保存非正常关闭的文件，在下一次启动软件时会提示是否恢复意外关闭的文件。

### 5. 导出文件

当完成一个设计排版文件后，可通过导出命令将其导出为可印刷或打印的PDF文件。执行“文件→导出”命令，系统将弹出“导出”对话框，在“保存类型”中选择“Adobe PDF（打印）”选项，如图2-14所示。单击“保存”按钮，即可弹出“导出Adobe PDF”对话框，如图2-15所示。

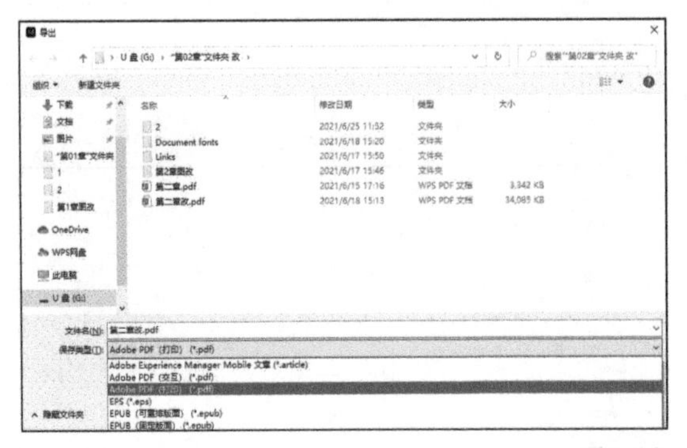

图2-14

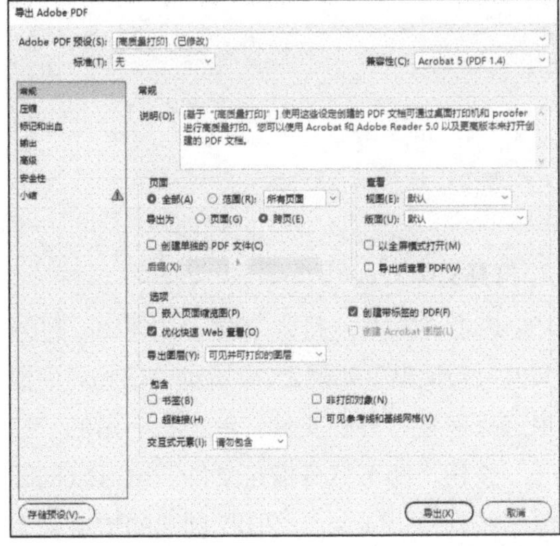

图2-15

> **提示** 若文件没有全部完成，需要在其他计算机继续工作或者需要与他人进行源文件的交接，可以执行“文件→打包”命令，将涉及本文件的所有素材打包，防止在其他计算机打开时出现缺少字体、素材等情况。

## 2.2 更改文档设置、边距和分栏

新建文档时要确定文档设置，一般情况下使用文档的默认设置即可。当创建文档后，可能需要修改它的文档设置等参数，例如，需要单页而不是对页，或者需要更改页面大小或边距尺寸。

## 2.2.1 更改文档设置

执行“文件→文档设置”命令，打开图2-16所示的对话框，在其中可修改文档的尺寸等参数。注意“文档设置”对话框中选项的更改会影响文档中的所有页面。

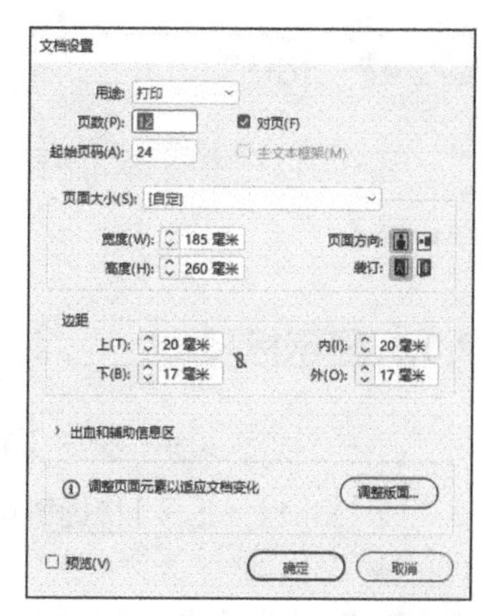


图2-16

## 2.2.2 更改边距和分栏设置

执行“版面→边距和分栏”命令，打开图2-17所示的“边距和分栏”对话框，在其中可以修改页面和跨页的分栏、边距等设置。

执行这个命令前，如果在“页面”面板上选择了某个主页，则更改的参数会应用到该主页的所有普通页面，如图2-18所示。

更改具体的某个页面或某些普通页面的分栏和边距，需要先在“页面”面板中选择具体的页面，如图2-19所示。然后执行“边距和分栏”命令，在弹出的“边距和分栏”对话框中进行设置。

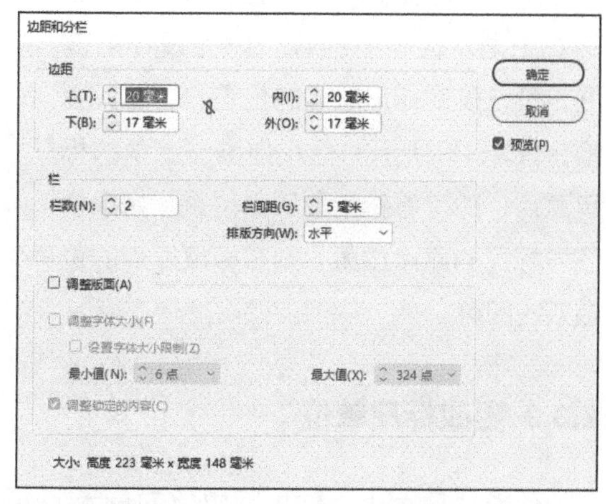


图2-17

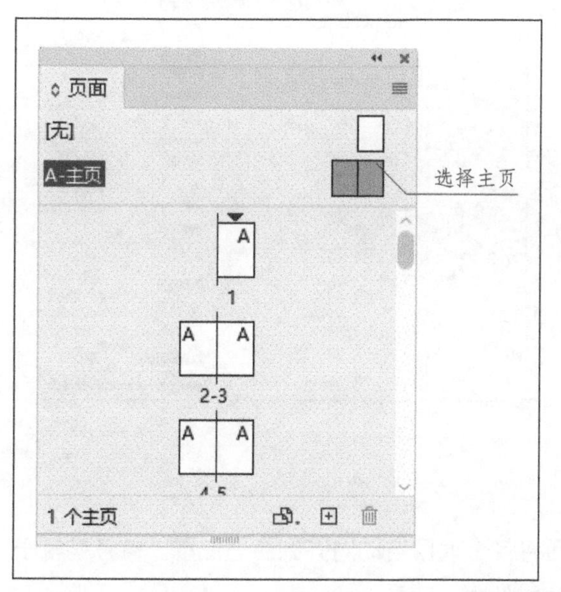


图2-18

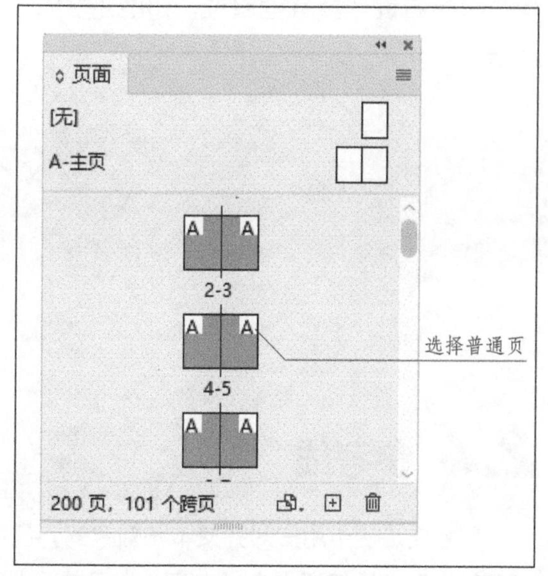


图2-19

# 2.3 标尺

用户可以在绘图窗口中显示标尺，标尺在排版过程中能够即时反馈指针在x轴、y轴的坐标位置。

## 2.3.1 显示标尺

执行“视图→显示标尺/隐藏标尺”命令，可以显示或隐藏标尺。

按【Ctrl】+【R】快捷键可打开或隐藏标尺。

## 2.3.2 更改标尺原点位置

在默认情况下，标尺的原点位于页面的左上角。但有些时候，因为设计的需要，可以改变标尺原点的位置，这时只要拖曳图2-20所示的标尺刻度左上角的标尺原点，即可重新定位原点位置。如果要还原标尺的原点位置，则在标尺原点的位置双击即可。

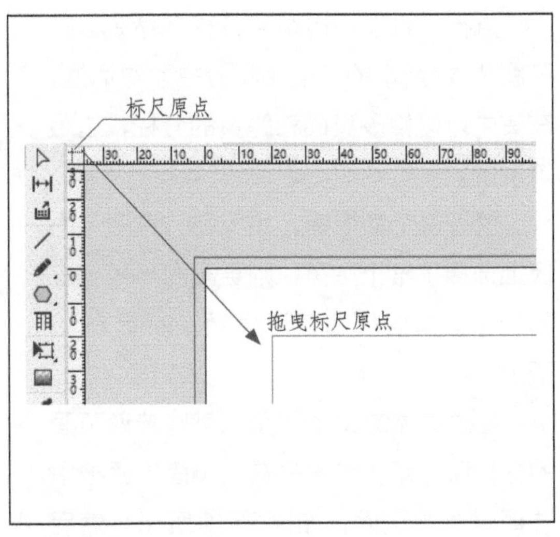


图2-20

## 2.3.3 更改标尺单位

在默认情况下，标尺的单位为毫米，根据个人需要与喜好可以在标尺的刻度上单击鼠标右键选择其他单位，如图2-21所示。

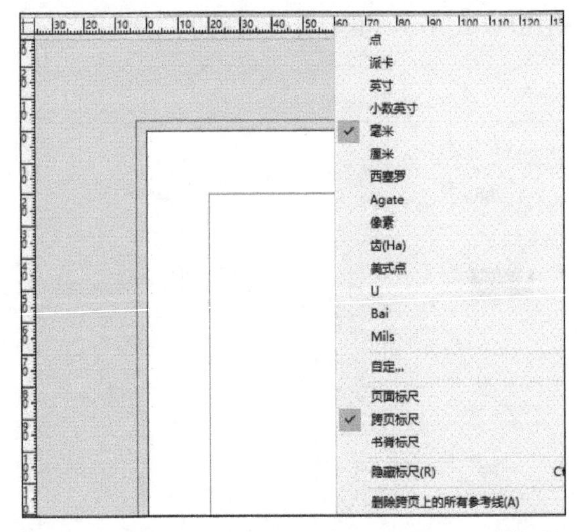


图2-21

# 2.4 参考线

参考线是便于用户对齐文本和对象的，包括将各个项目自动对齐到合适位置。参考线属于辅助线，不会被打印出来，也不会出现在导出的文件中。

## 2.4.1 创建参考线

### 1. 手动创建参考线

执行“视图→网格和参考线→显示参考线”命令，工作区会出现参考线。在标尺的刻度上拖曳鼠标指针，可以手动创建新的参考线，如图2-22所示。

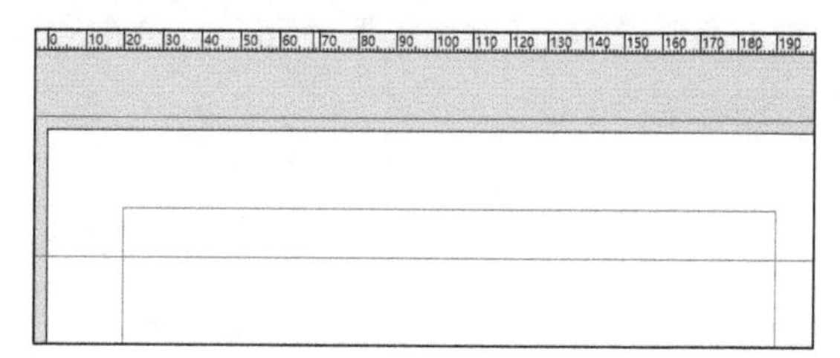

图2-22

### 2. 创建跨页的参考线

默认情况下，创建的参考线只位于当前的页面中，如图2-23所示。如果想创建跨页的参考线，在拖曳鼠标指针的同时按住【Ctrl】键即可，如图2-24所示。

图2-23

图2-24

### 3. 同时创建垂直和水平参考线

如果想同时创建垂直和水平参考线，按住【Ctrl】键并从标尺交叉点拖曳到页面上期望位置即可，如图2-25所示。

### 4. 创建等距的页面参考线

首先，在“页面”面板中选择需要设置等距页面参考线的页面：既可以是主页，也可以是普通页面；既可以是单页，也可以是跨页。

然后，执行“版面→创建参考线”命令，弹出“创建参考线”对话框，如图2-26所示。

图2-25

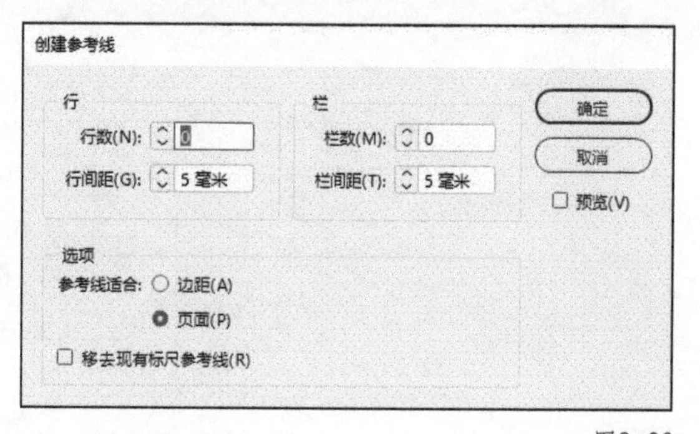


图2-26

在“创建参考线”对话框中，设置参考线的行数和栏数，以及各行或各栏之间的间距数值。参考线既可以根据整个页面的尺寸分布，也可以根据边距的设定数值（版心的尺寸）分布。图2-27所示的为根据页面尺寸分布的等距参考线，图2-28所示的为根据版心尺寸分布的等距参考线。

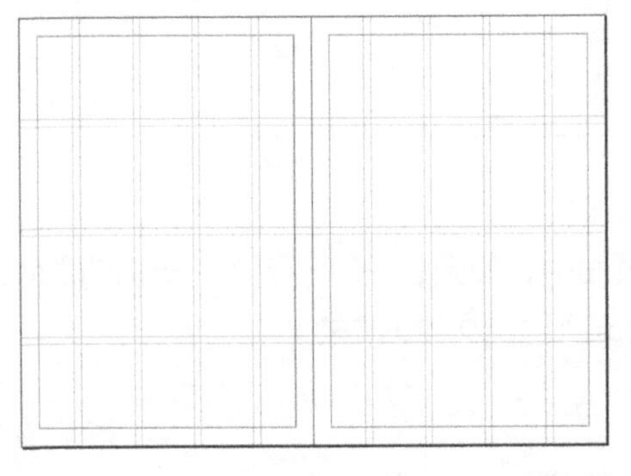

图2-27

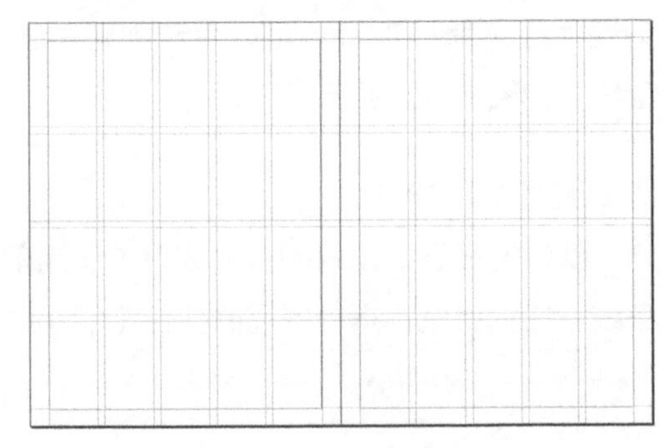

图2-28

在设计版面时经常会用到等距参考线以达到灵活的排版效果。例如，创建等距参考线，如图2-29所示；使用矩形工具根据参考线绘制图2-30所示的网格分布图。

图2-29

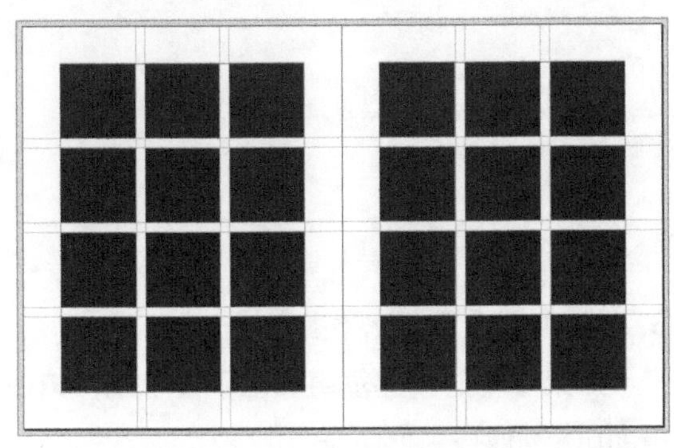

图2-30

还可以使用移动工具删除不需要的矩形，调整其他矩形的形状，得到一个依据网格分布图调整出来的版式底图，如图2-31所示。

图2-31

根据这个版式底图，通过改变矩形的颜色、增加文字、导入图片等操作，得到的最终排版效果如图2-32所示。

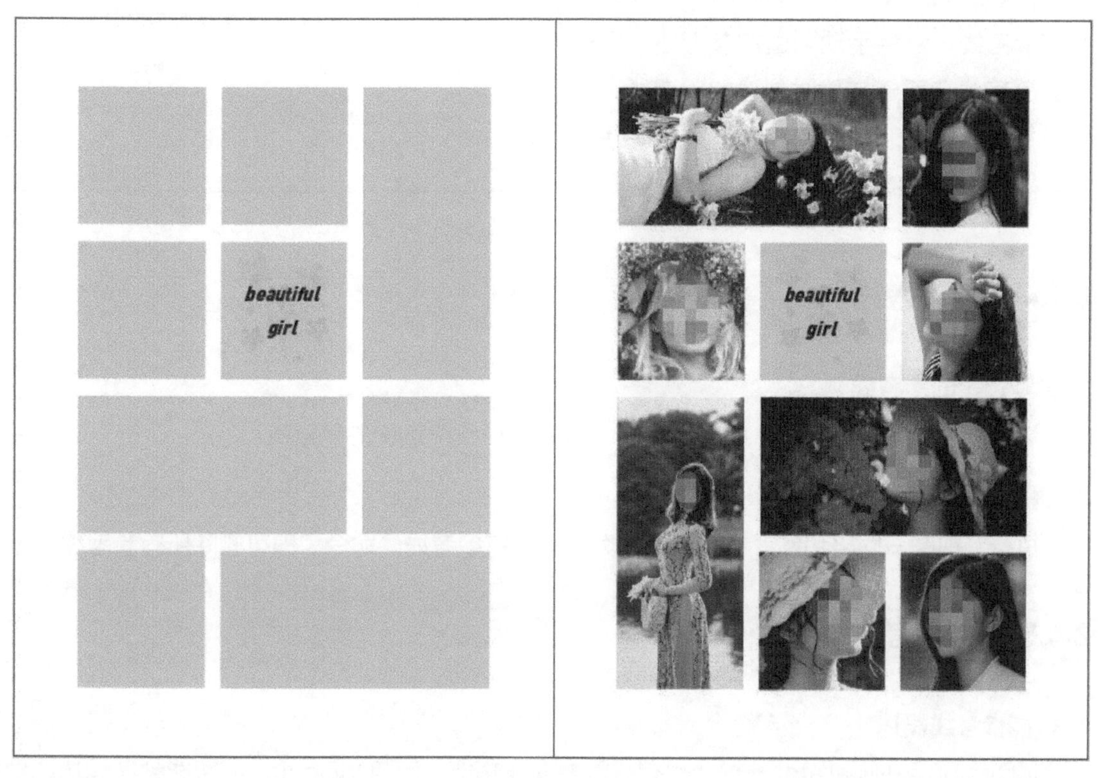


图2-32

## 2.4.2 等距排列参考线

有多条参考线时，可将参考线等距排列。选中多条参考线（通过按住鼠标左键拖曳选择范围或在单击参考线时按【Shift】键），如图2-33所示，在“对齐”面板中单击“水平居中分布”按钮，即可将选中的参考线等距排列，如图2-34所示。

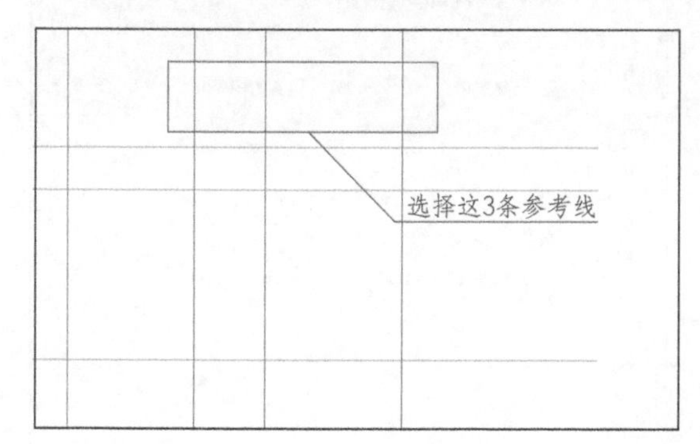


图2-33

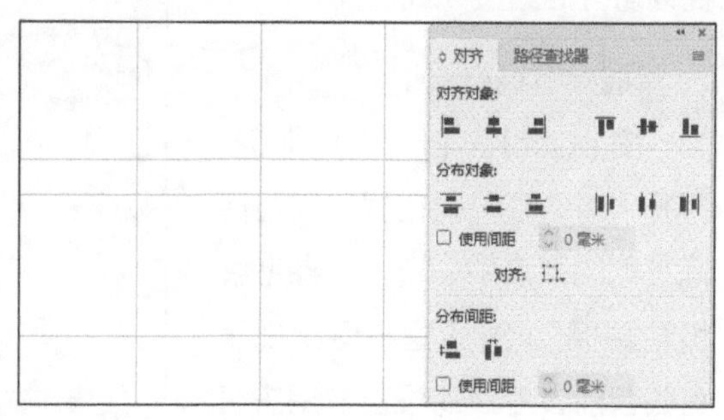


图2-34

### 2.4.3 显示或隐藏参考线

按【Ctrl】+【;】快捷键以显示或隐藏所有参考线，包括手动创建的参考线。同时页面上其他在新建文件时创建的出血线、成品尺寸线（最终印刷成品的尺寸）、版心线也都会被显示或隐藏，如图2-35所示。

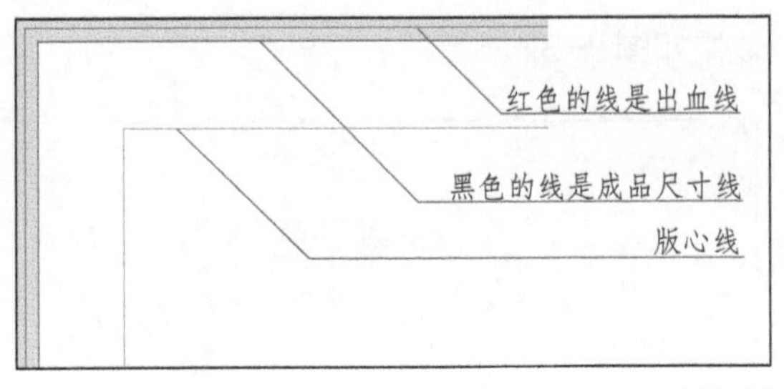


图2-35

### 2.4.4 删除参考线

**1. 删除选定的参考线**

选中一条或多条参考线，按【Delete】键，即可删除选中的参考线。

**2. 删除所有的参考线**

执行“视图→网格和参考线→删除跨页上的所有参考线”命令，即可删除所有参考线。

### 2.4.5 智能参考线

**1. 智能参考线概述**

InDesign和Illustrator一样，也有智能参考线功能，而且InDesign的智能参考线功能更加强大。利用智能参考线功能，用户可以轻松地将对象与工作面板中的项目靠齐。在拖曳或创建对象时，会出现临时参考线，表明该对象与页面边缘或中心对齐，或者与另一个页面项目对齐。

默认情况下，智能参考线功能已开启，按【Ctrl】+【U】快捷键可开启或关闭此功能。

**2. 智能参考线设置**

按【Ctrl】+【K】快捷键，打开“首选项”对话框。在对话框左侧的列表中，选择“参考线和粘贴板”，对话框右侧出现了有关智能参考线的设置。用户可以在其中修改参考线的颜色、靠齐范围等属性，如图2-36所示。

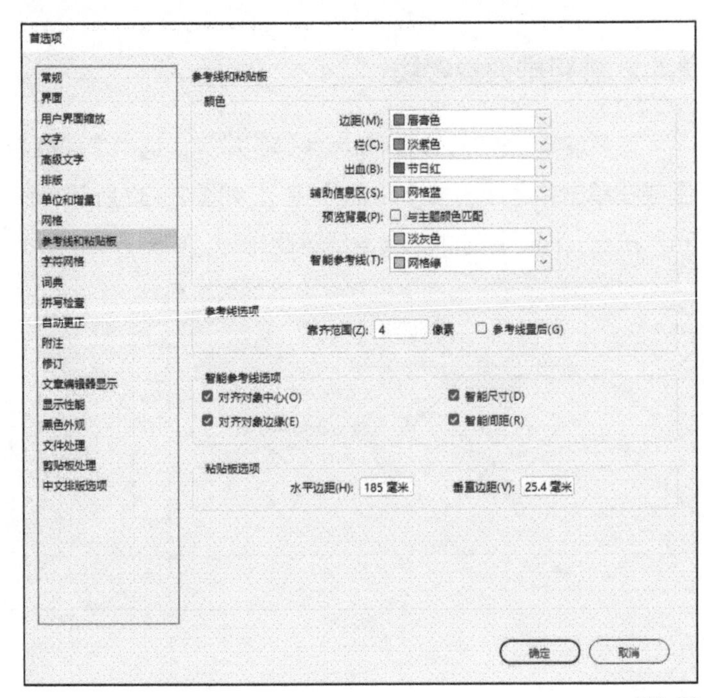


图2-36

**智能尺寸**

在调整页面项目大小、创建页面项目或旋转页面项目时，会显示智能尺寸。例如，先将页面上的一个项目旋转24度，那么在将另一个项目旋转到接近24度时，InDesign 2022会显示出一个旋转提示，如图2-37所示。此提示允许将对象靠齐相邻对象所用的旋转角度。同样，要调整对象的大小与另一个对象相同，InDesign 2022将显示一条两端有箭头的线段，帮助用户将要调整的对象靠齐其相邻对象的宽度或高度。

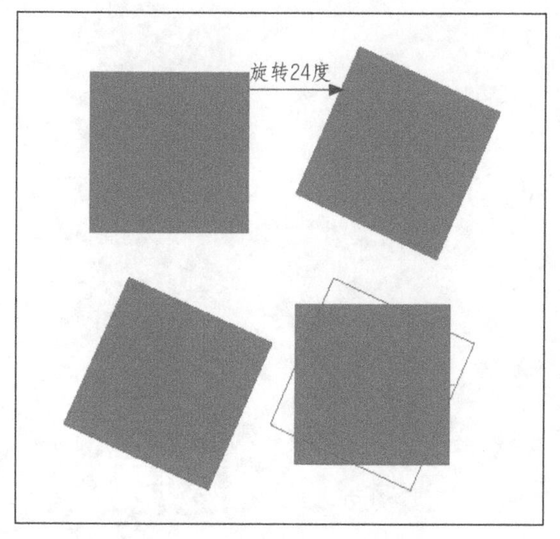


图2-37

**智能间距**

通过智能间距，用户可以在临时参考线的帮助下快速排列页面项目，这种参考线会在对象间距相同时给出提示。

**智能光标**

移动对象或调整对象大小时，智能光标反馈在灰色框中显示为$x$值和$y$值；在旋转值时，智能光标反馈在灰色框中显示为度量值。打开“首选项”对话框，在“界面”中选择“显示变换值”选项可以打开和关闭智能光标。

提示

本章出现的快捷键如下。

【Ctrl】+【N】：新建文件

【Ctrl】+【S】：保存文件

【Ctrl】+【D】：置入文件

【Ctrl】+【R】：显示或隐藏标尺

【Ctrl】+【；】：显示或隐藏参考线

【Ctrl】+【U】：开启或关闭智能参考线

# 第 3 章
# 对象

InDesign 2022中的对象包括可以在文档窗口中添加或创建的任何项目，如开放路径、闭合路径、复合形状和路径、文字、栅格化图稿、3D对象和任何置入的文件（例如图像等）。

本章主要讲解有关对象操作的概念和常见命令。

本章核心知识点：

- 对象的顺序、对齐与分布
- 隐藏对象
- 对象的组合与解组
- 使用框架和对象
- 锁定或解锁对象
- 移动图形框架或其内容

# 3.1 对象的顺序、对齐与分布

## 3.1.1 对象的顺序

当一个页面中有多个对象时，往往会出现对象重叠或相交的情况，因此就会涉及调整对象之间的排列顺序的问题。

用户可以执行“对象→排列”下面的系列命令，改变对象的前后排列顺序，如图3-1所示。

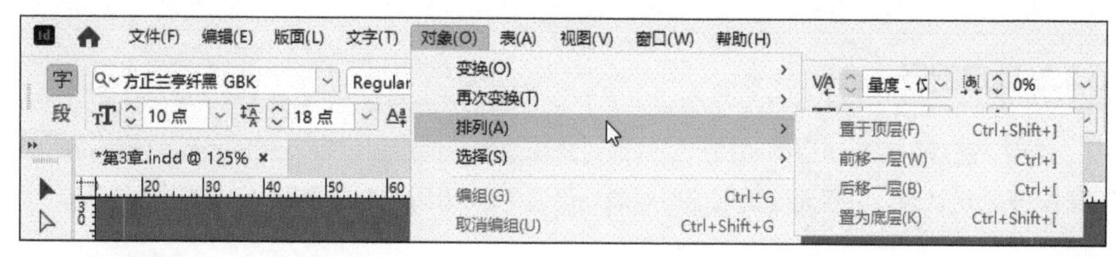


图3-1

## 3.1.2 对象的对齐与分布

InDesign 2022允许用户在绘图中准确地排列、分布对象，以及使各个对象互相对齐或等距分布。

在选择需要对齐的对象以后，执行“窗口→对象和版面→对齐”命令，即可打开“对齐”面板，如图3-2所示。

在“对齐”面板中有一种特殊的对齐方法，即“使用间距”选项。当想精确控制两个或多个对象的间距时，使用它非常方便。

比如，想让两个对象正好靠在一起，先选中这两个对象，再打开“对齐”面板，勾选“分布间距”下的“使用间距”选项，在右边的文本框中输入0毫米，然后单击“水平分布间距”按钮即可。

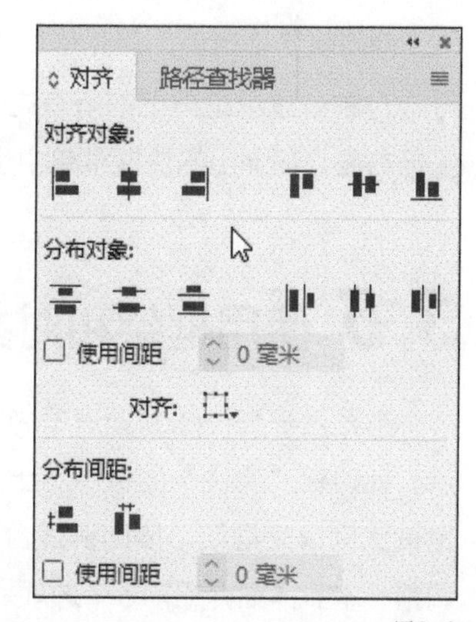


图3-2

# 3.2 对象的组合与解组

当页面中的对象较多时，可把相关的对象进行编组，以便于控制和操作。在进行对象的编组时，先选中需要编组的对象，然后单击鼠标右键，在弹出的快捷菜单中执行“编组”命令；取消编组操作相同，执行快捷菜单中的“取消编组”命令即可。对多个对象进行编组的快捷键为【Ctrl】+【G】，解除编组的快捷键为【Ctrl】+【Shift】+【G】。

# 3.3 锁定或解锁对象

### 3.3.1 锁定选定的对象

“锁定”命令可以锁定不希望在文档中移动的特定对象。存储文档、关闭文档后重新打开文档时，锁定对象始终保持为锁定状态。只要对象处于锁定状态，就无法移动该对象。

选中要锁定在原位的一个或多个对象，执行“对象→锁定”命令，即可锁定它们；如果想解锁当前跨页上的所有锁定对象，那执行“对象→解锁跨页上的所有内容”命令即可。

### 3.3.2 锁定图层

使用“图层”面板可以同时锁定或解锁对象和图层。锁定图层后，该图层上的所有对象位置都处于锁定状态，并且无法选取这些对象，可避免用户因操作失误将已完成的排版打乱。

# 3.4 隐藏对象

欲隐藏某个对象，需先将其选中，然后执行“对象→隐藏”命令；欲显示隐藏的对象，执行“对象→显示跨页上的所有内容”命令即可。这些常用的对象命令，在选中对象后，单击鼠标右键，在弹出的快捷菜单中也可以找到。

# 3.5 使用框架和对象

当导入一张位图到图形框内时，得到的对象包括图形内容和框架两个部分，如图3-3所示。此时在“属性”面板中，出现框架适应选项，如图3-4所示。这几个选项从左至右分别是按比例填充框架、按比例适合内容、内容适合框架、框架适合内容、内容居中、内容识别调整，本节详细介绍前5个选项。

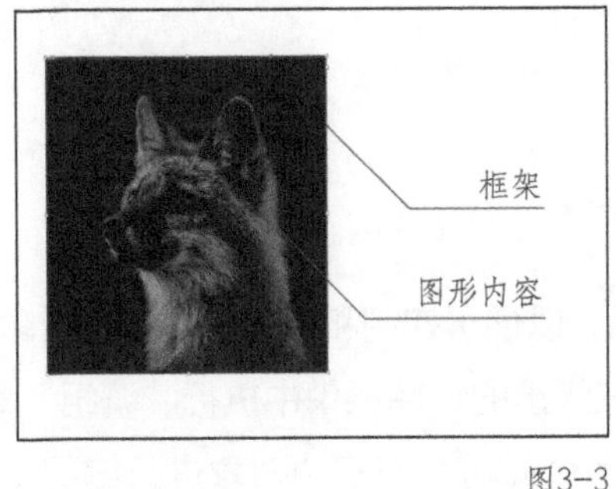


图3-3

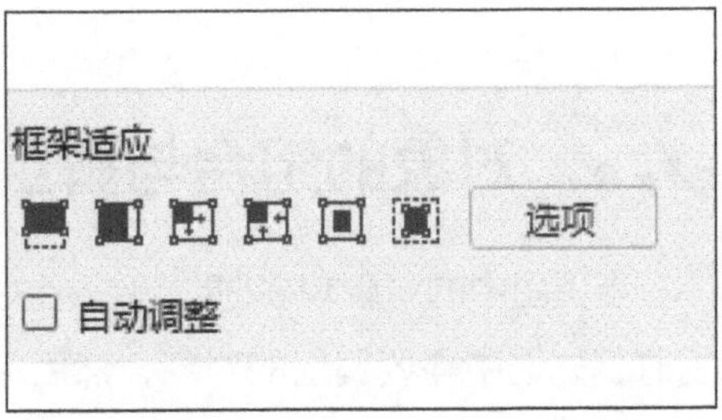

框架适应

选项

自动调整

图3-4

### 3.5.1 按比例填充框架

按比例填充框架指调整内容大小以填充整个框架，同时保持内容比例不变。框架的尺寸不会更改，如果内容和框架的比例不同，框架的外框将会裁剪部分内容，如图3-5所示。

### 3.5.2 按比例适合内容

按比例适合内容指调整内容大小以适合框架，同时保持内容比例不变。框架的尺寸不会更改，如果内容和框架的比例不同，将会出现空白区，如图3-6所示。

### 3.5.3 内容适合框架

内容适合框架指调整内容大小以适合框架并允许更改内容比例。框架不会更改，如果内容和框架比例不同，内容就会显示为拉伸状态，如图3-7所示。

图3-5

图3-6

图3-7

### 3.5.4 框架适合内容

框架适合内容指调整框架大小以适合内容并允许更改框架比例和大小，如图3-8所示。

### 3.5.5 内容居中

内容居中指将内容放置在框架的中心，如图3-9所示。内容和框架的比例与大小不会改变。

图3-8

图3-9

## 3.6 移动图形框架或其内容

使用选择工具选择图形框架时，既可以选择框架，也可以选择框架内的图像。先单击图像，会出现蓝色边框和选择工具。单击图像并拖曳，框架的内容会随框架一起移动；如果拖曳图像中间区域，出现内容手形抓取工具，那图像会在框架内移动，如图3-10所示。

图3-10

# 3.7 实战案例：日签

目标：掌握对象对齐、组合等基本操作，制作出图3-11所示的日签。

图3-11

## 操作步骤

**01** 启动InDesign 2022，新建一个文件，将文件尺寸设置为宽度1080像素（px）、高度1920像素，如图3-12所示。

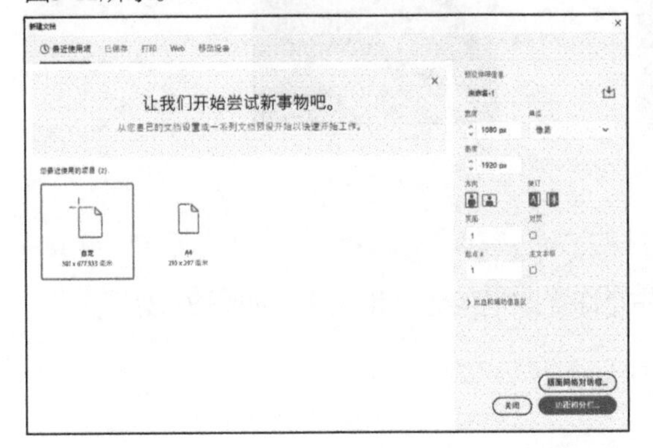


图3-12

**02** 单击“边距和分栏”按钮，在弹出的“新建边距和分栏”对话框中，将上下边距设置为100像素，将左右边距设置为50像素，如图3-13所示。

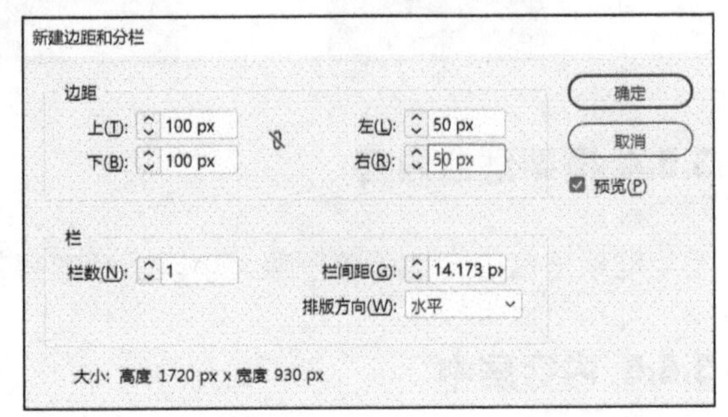


图3-13

**03** 单击“确定”按钮，打开新建的空白页面，如图3-14所示。

图3-14

**04** 在InDesign 2022中使用文字工具创建一个段落文本框，输入数字“22”，将其字体设置为微软雅黑Regular，字号设置为180点，字体颜色设置为黑色，如图3-15所示。

图3-15

**05** 在“22”右边用矩形工具绘制一个宽10像素、长180像素的矩形框，并将其填充为黑色，如图3-16所示。

图3-16

**06** 在黑框右边用文字工具创建一个段落文本框，输入文字“星期四”和“Thursday”，将它们的字体设置为微软雅黑Regular，字体颜色设置为黑色。将“星期四”的字号设置为60点，“Thursday”的字号设置为42点，如图3-17所示。

图3-17

**07** 在上述已完成的内容下用文字工具创建一个文本框，输入文字“大暑”，将其字体设置为华文细黑，字号设置为90点，字体颜色设置为白色。使用选择工具选中文本框，将其背景填充为橙色，如图3-18所示。

图3-18

**08** 先选中“大暑”文本框，单击鼠标右键，执行“文本框架选项(X)”命令，把“垂直对齐”中的“对齐”选项改为“居中”，然后单击“确定”按钮，如图3-19所示。

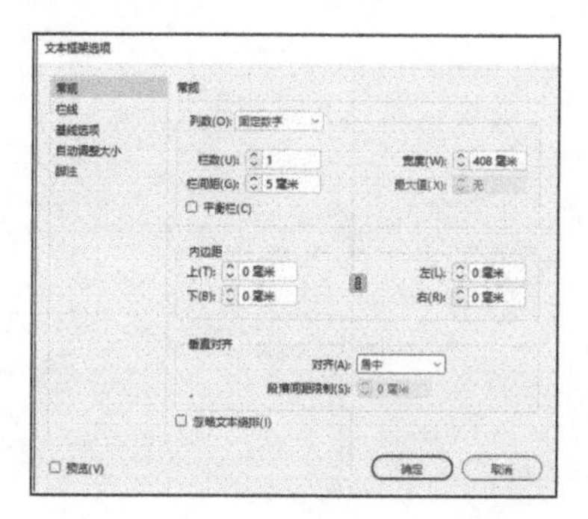


图3-19

**09** 选中“大暑”这两个字，按【Ctrl】+【Alt】+【T】快捷键打开“段落”面板，单击最上方第二个图标“居中对齐”，使“大暑”两个字在文本框中居中排列，如图3-20所示。

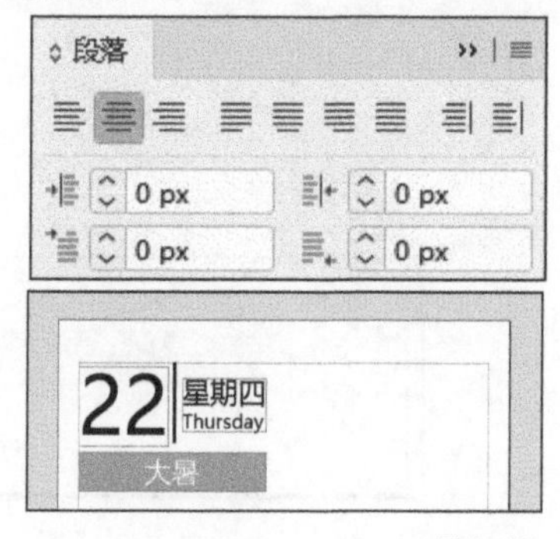


图3-20

**10** 按【Ctrl】+【D】快捷键，置入图书平面封和日签配图，调整图片的大小并摆放到合适的位置，如图3-21所示。

图3-21

**11** 在图片下方创建一个文本框，输入日签内文，将其字体设置为宋体，字号设置为34点，字体颜色设置为黑色，如图3-22所示。

图3-22

**12** 在日签内文下方再创建一个文本框，输入书名和图书宣传语，将其字体设置为宋体，字号设置为34点，字体颜色设置为灰色（R=128，G=128，B=128），对齐方式为右对齐，如图3-23所示。

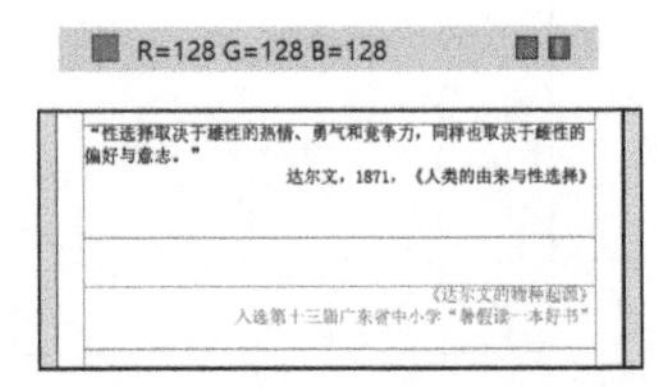


图3-23

**13** 将两个文本框中文字的行间距设置为50点，如图3-24所示。

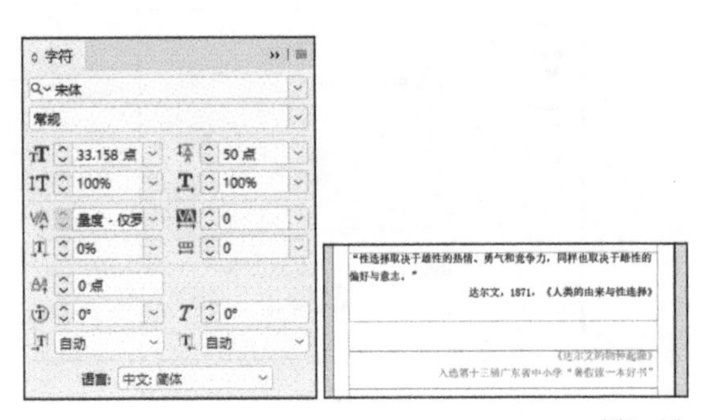


图3-24

**14** 用矩形工具绘制一个矩形框，将整个页面全部覆盖在内，将覆盖整个页面的矩形框架填充为浅绿色，如图3-25所示。

图3-25

**15** 选中绘制的矩形，单击鼠标右键，执行“排列→置为底层”命令，使浅绿色矩形框架排列在最底层，如图3-26所示。

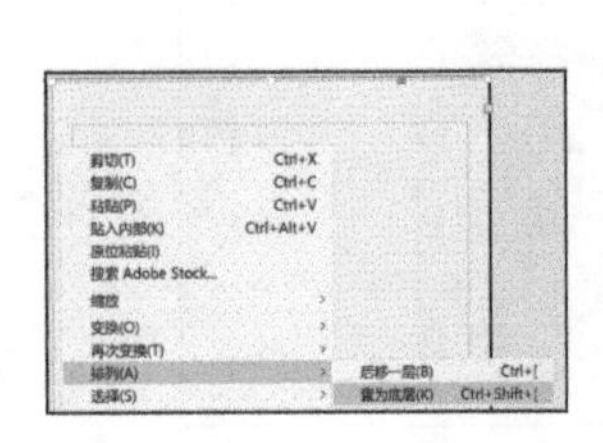

图3-26

**16** 书名和图书宣传语文本框的左侧放置这本书的购买二维码，此处用185像素×185像素的白色正方形代替，如图3-27所示。

图3-27

**17** 在正方形下方创建一个文本框，输入文字“扫码购买”，将其字体设置为华文细黑，字号设置为30点，字体颜色设置为黑色，如图3-28所示。

图3-28

**18** 选中“扫码购买”4个字，执行“文字→字符”命令，将字符间距设置为500，如图3-29所示。

图3-29

**19** 检查和调整画面中的细节及各个元素的大小和位置，最终效果如图3-30所示。

图3-30

打开“每日设计”App，搜索关键词SP090301，即可观看“实战案例：日签”的讲解视频。

# 第 4 章
# 文字的处理

对于一款专业的排版软件而言，文字的处理显得尤为重要。InDesign 2022可以非常便捷地对大段落文字进行导入和编排。同时，InDesign 2022提供的文字样式和段落样式功能可以统一控制文本的格式与效果，大大提高文字编排的效率，降低错误发生的概率。

本章将详细讲解文字的各种处理方法。

本章核心知识点：

- 文字的导入
- 字符面板
- 段落面板
- 字符样式
- 段落样式
- 串接文本
- 文本绕排
- 更改文本方向
- 字数统计
- 查找和更改条件文本

# 4.1 文字的导入

## 4.1.1 使用置入命令导入文字

在InDesign 2022中,可使用“置入”命令置入Word文档或记事本文件。按【Ctrl】+【D】快捷键，弹出“置入”对话框，如图4-1所示。

在“置入”对话框中选中需要置入的文字文件，单击“打开”按钮后InDesign 2022中的指针将变成载入文本的图标。单击图标即可将文本置入页面上。

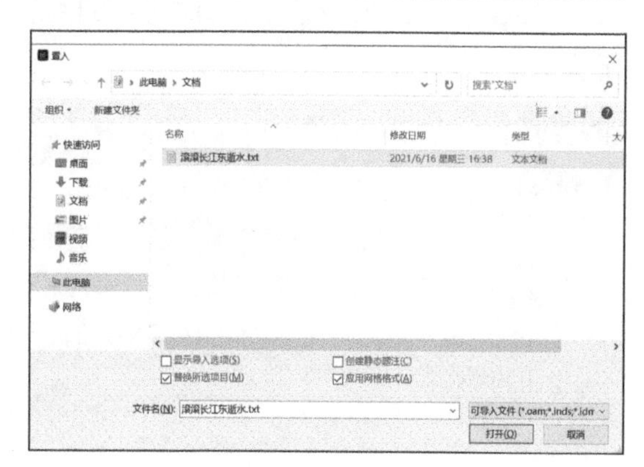


图4-1

将图标置于文本框架上时，该图标将括在圆括号中；将图标置于参考线或网格靠齐点旁边时，黑色指针将变为白色图标。置入文本将涉及排文的相关知识，下面讲解4种排文方法。

### 1. 手动排文

图标出现后，手动绘制文本框架，文字将在文本框架中排成一栏出现。导入的文字不能在文本框架内全部排出时，会出现红色“+”号。单击红色“+”号，在下一个位置再次绘制文本框架，如此反复，直到文字全部导入进来。

### 2. 自动排文

图标出现后，打开“页面”面板，按住【Shift】键的同时单击“页面”面板中第一个页面的左上角，文本会自动占用页面，如果页数不够，InDesign 2022会自动添加页面，直到所有的文字都被导入进来，如图4-2所示。

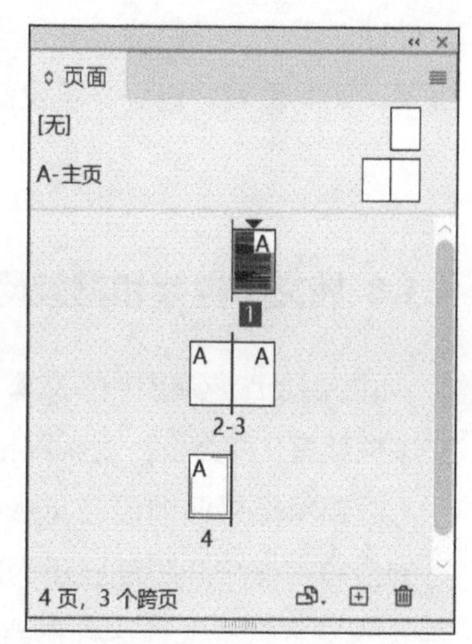


图4-2

### 3. 半自动排文

图标出现后，按住【Alt】键的同时单击页面或框架，与手动排文一样，文本每次排文一栏，在置满每栏后，若还有文字未被排入，图标继续存在，此时再次单击页面或框架进行排文，如此反复，直到文字全都导入进来。

#### 4. 自动排文但不添加页面

图标出现后，按住【Shift】+【Alt】组合键的同时单击，此时采取手动排文的方式导入文本。将光标放置在版心线的左上角单击，文本会自动导入版心范围内，同时InDesign 2022会自动为文字创建使用方块划分好的框架网格，如图4-3所示。

**提示** 此时发现在文本框架的右下角有一个红色“+”号，这表示当前文本框架中还有溢出的文本（即文本没有显示完整），被称为溢流文本。在排版的过程中，由于各种原因会经常出现溢流文本的现象，需要进行后一步的处理。另外，InDesign 2022在导出文件为PDF格式时，也会自动提示溢流文本的警告。

图4-3

### 4.1.2 使用复制的方法导入文本

打开记事本文件或Word文档，在其中选择需要导入的文字，执行“复制”命令，然后在InDesign 2022中使用文字工具，手动创建一个文本框架，执行“粘贴”命令，文字即可导入InDesign 2022的页面中。这种情况下得到的是一个不带框架网格的文本框架，如图4-4所示。

此时，若文本不能在绘制的文本框架中完全排出，文本框架右下角将出现红色“+”号，提示有溢出的文本，需要进一步处理。可单击红色的“+”号，在下一个位置再次创建文本框架，如此反复，直到文字全都导入进来。

图4-4

### 4.1.3 纯文本框架和框架网格

InDesign 2022中的文本位于称作文本框架的容器内。文本框架有2种类型：框架网格和纯文本框架。

框架网格是亚洲语言排版特有的文本框架类型，其中字符的全角字框和间距都显示为网格。4.1.1小节使用置入命令导入的文字默认就是这种框架类型。框架网格包含字符属性设置，这些预设字符属性会应用于导入的文本。执行“对象→框架网格选项”命令可查看和更改框架网格的属性，如图4-5所示。

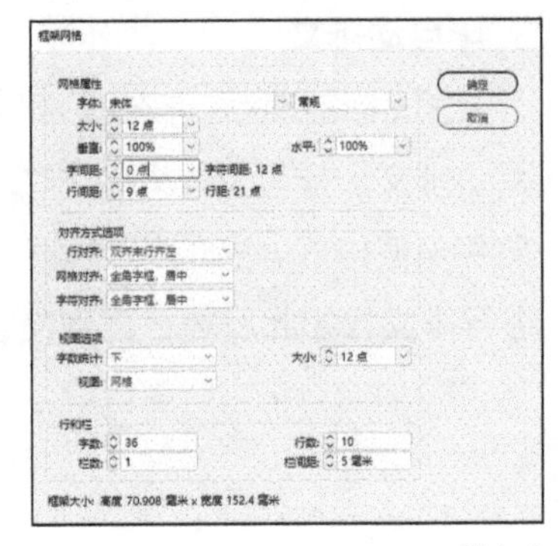


图4-5

纯文本框架是不显示任何网格的空文本框架，和图形框架一样，用户可以对文本框架进行移动和调整。纯文本框架没有字符属性设置，文本在导入后，会采用“字符”面板中当前选定的字符属性。

执行“对象→框架类型→文本框架/框架”命令，可对文本的属性进行转换。

# 4.2 字符面板

按【Ctrl】+【T】快捷键，可打开图4-6所示的“字符”面板，在“字符”面板中可以设置字符的相关参数。

A字体

B字号

C文字垂直缩放比例

D字偶间距

E基线偏移

F字符旋转

G行距

H文字水平缩放比例

I字符间距

J字符倾斜

图4-6

## 4.2.1 使用字体

### 1. 关于字体

字体是由一组具有相同粗细、宽度和样式的字符（字母、数字和符号）构成的完整集合，如Adobe Garamond。

字体样式是字体系列中单个字体的变体。通常，字体系列的罗马体或普通体（实际名称因字体系列而异）是基本字体，其中可能包括一些文字样式，如常规、粗体、半粗体、斜体和粗体斜体。每种字体样式都是一个独立文件，如果尚未安装字体样式文件，则无法从“字体样式”中选择该字体样式。

### 2. 字号

字号指文字的大小程度，默认情况下InDesign 2022使用“点”作为字号的单位。

### 3. 使用复合字体

在进行中英文混合排版时，根据设计需要，经常会为中文和英文指定不同的字体，这时InDesign 2022可将不同的字体混合在一起，创建出新的复合字体以适应设计的需要。

### 创建复合字体的方法

#### 操作步骤

**01** 执行“文字→复合字体”命令，弹出“复合字体编辑器”对话框，如图4-7所示。

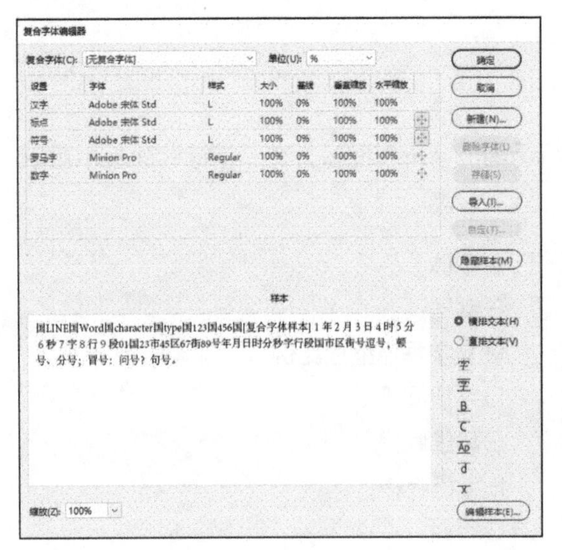

图4-7

**02** 单击“新建（N）”按钮，输入名称，如“微软雅黑 + Arial”，然后单击“确定”按钮，如图4-8所示。

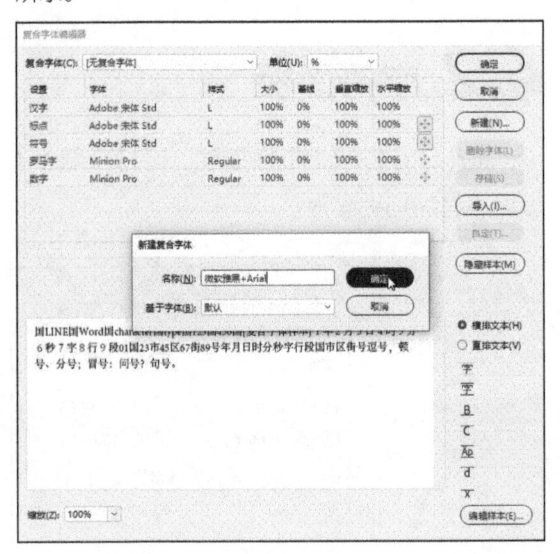

图4-8

**03** 在“复合字体编辑器”对话框中，分别设置汉字、标点、符号、罗马字（英文字）、数字等选项的字体属性。一般情况下，会为中文、标点、符号等设置中文类型的字体（这里设置为微软雅黑字体），为罗马字和数字设置英文类型的字体（这里设置为Arial字体），如图4-9所示。

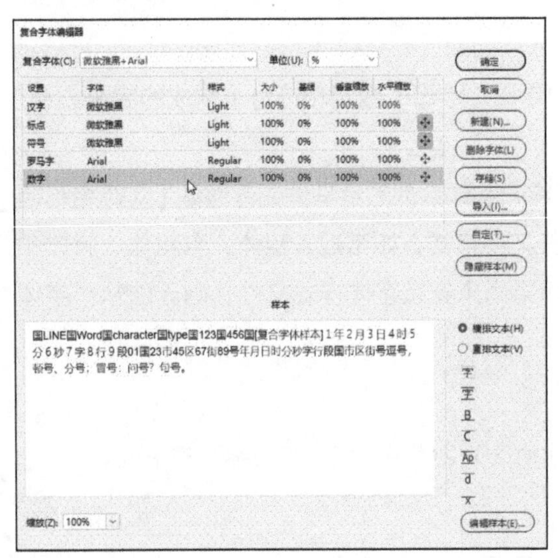

图4-9

**04** 单击“确定”按钮，弹出图4-10所示的提示保存设置对话框。单击“是”按钮，存储所创建的复合字体设置，完成创建复合字体。此时，在“字体”的菜单下会出现新建的复合字体，如图4-11所示。

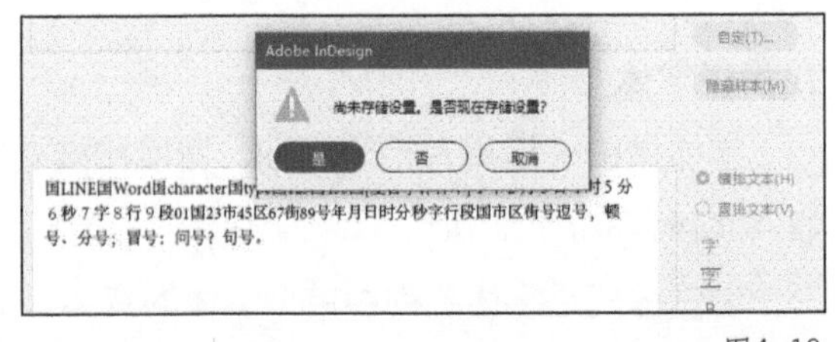

图4-10

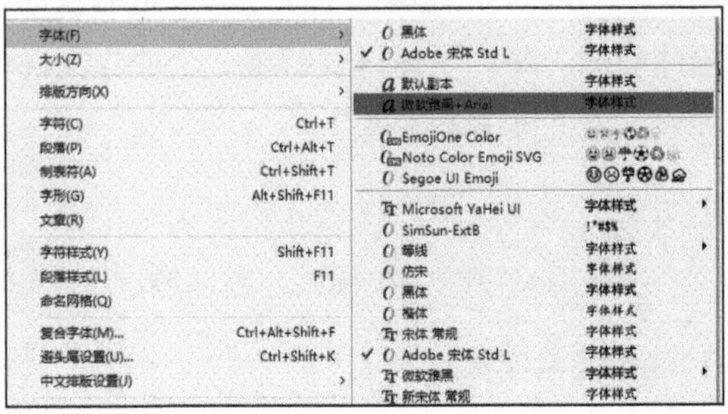

图4-11

## 4.2.2 行距

### 1. 关于行距

文字中相邻行的垂直间距称为行距。行距是一行文本的基线到上一行文本基线的距离。基线是一条无形的线，大多数字母（即不带字母下缘的字母）的底部均以它为准对齐。

默认的行距为文字大小的 120%（例如，10 点文字的行距为 12 点）。当使用自动行距时，InDesign 2022会在“字符”面板的行距设置框中将行距值显示在圆括号中，如图4-12所示。

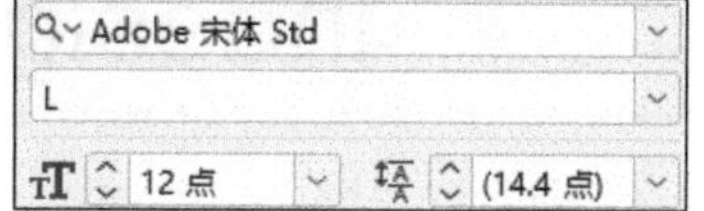


图4-12

### 2. 更改行距

行距是一种字符属性，这意味着可以在同一段落内设置多个行距值。一行文字中的最大行距值决定该行的行距。

更改所选文本行距，在其行距的文本框中直接输入数值即可。

## 4.2.3 字偶间距和字符间距

字偶间距是两个字符之间的距离，字符间距是选中的多个文字之间的距离。

调整字偶间距，将文字光标插入两个字符之间，然后调整字偶间距的数值即可，如图4-13所示。

调整字符间距，先选中所有需要调整的文字，再调整其字符间距的数值，如图4-14所示。

图4-13

图4-14

## 4.2.4 应用下划线或删除线

为文字添加下划线或删除线的效果如图4-15所示。选择文本，在“字符”面板右上角的菜单中，执行“下划线”或“删除线”命令。

婚纱馆

图4-15

### 4.2.5 更改文字的大小写

执行“全部大写字母”或“小型大写字母”命令，可以更改文本的外观而非文本本身。

选择文本“indesign”，在“字符”面板右上角的菜单中，执行“全部大写字母”或“小型大写字母”命令，即可得到全部大写字母和小型大写字母的效果，如图4-16所示。

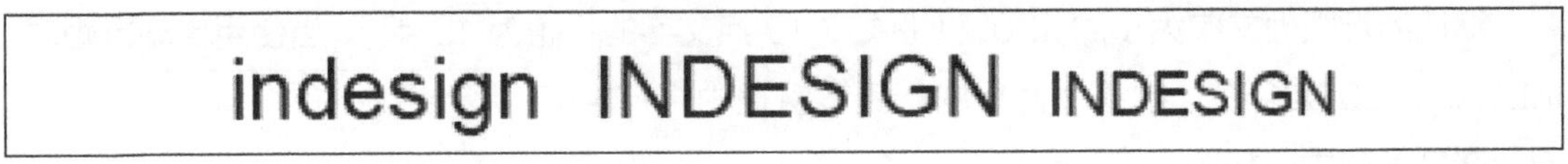

indesign　INDESIGN　INDESIGN

图4-16

### 4.2.6 缩放文字

垂直缩放和水平缩放可以改变文字的宽高比。无缩放字符的比例值为100%。缩放会使文字的宽高比发生变化，如图4-17所示。选择要缩放的文本，在“字符”面板或控制面板中更改垂直缩放 IT 或水平缩放 T 的百分比数值，即可让选中的文字缩放。

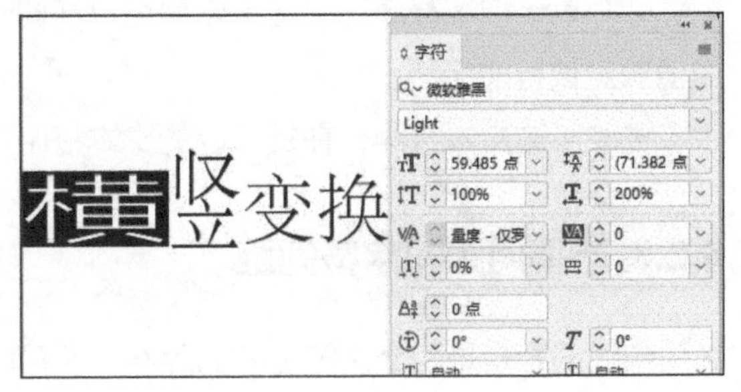


图4-17

### 4.2.7 倾斜文字

倾斜文字效果如图4-18所示。

选择要倾斜的文本，在“字符”面板中更改倾斜 T 的数值，即可让选中的文字倾斜。输入正值使文字向右倾斜，输入负值使文字向左倾斜。

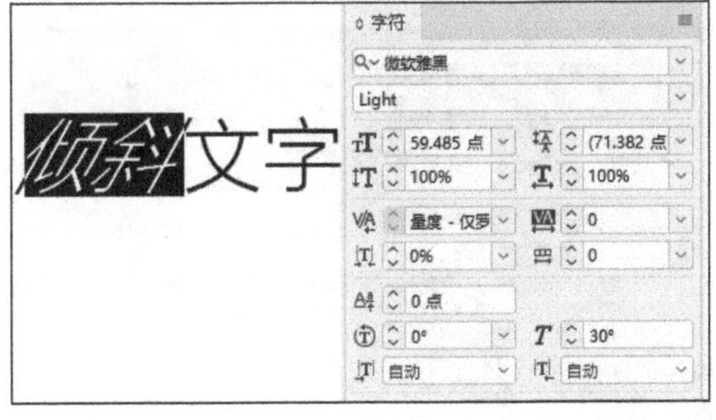


图4-18

### 4.2.8 旋转字符

旋转字符效果如图4-19所示。

选择要旋转的文本，在“字符”面板中更改字符旋转 ⓣ 的数值，即可让选中的字符旋转。输入正值向左（逆时针）旋转字符，输入负值向右（顺时针）旋转字符。

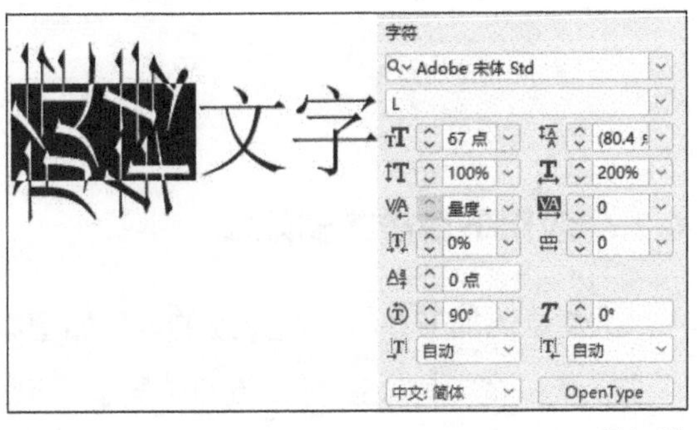


图4-19

### 4.2.9 使用直排内横排

应用直排内横排，首先选中要应用直排内横排的文本，在“字符”面板右上角的菜单中，执行“直排内横排”(又称为“纵中横”或“直中横”)命令，可使直排文本中的一部分文本采用横排方式。该命令通过旋转文本改变直排文本框架中的半角字符(例如数字、日期和短的外语单词)的方向，让内容更易于阅读，如图4-20所示。

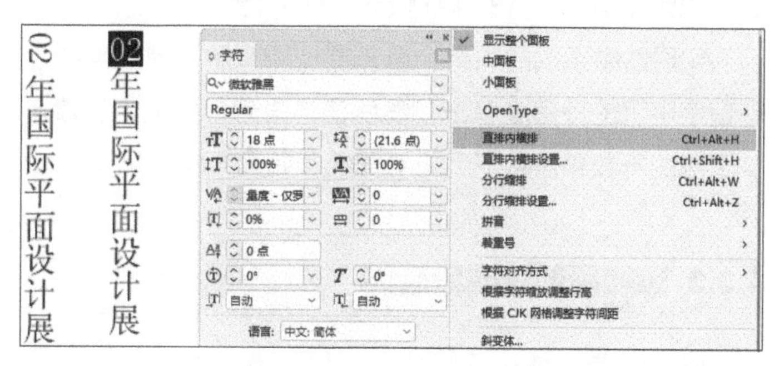

图4-20

## 4.3 段落面板

按【Ctrl】+【Alt】+【T】快捷键打开图4-21所示的“段落”面板，可以设置段落的相关参数。

A段落对齐方式
B左缩进
C首行左缩进
D段前间距
E首行下沉的行数
F右缩进
G末行右缩进
H段后间距
I首字下沉的字符数

按【Enter】键可生成一个新的段落。“段落”面板中所有的参数是针对整个段落进行设定的，而不是某个或某行的字符，这一点和“字符”面板参数有着本质区别。

在设置段落参数时，不需要将整体的段落全部选中，只需要将光标插入段落中的任何一个位置即可设置此段落的参数。

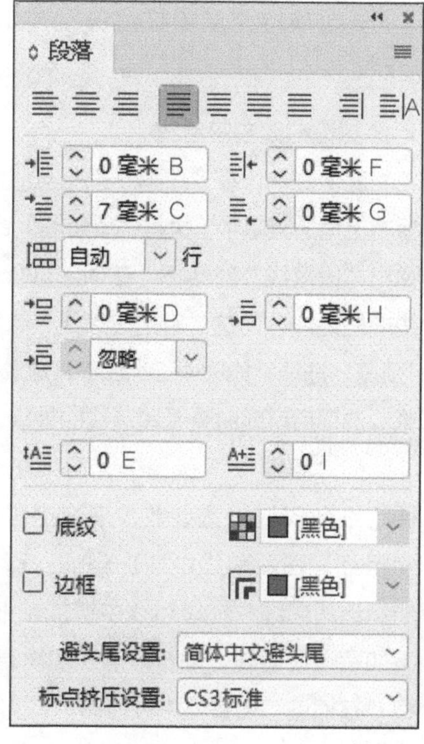

图4-21

### 4.3.1 调整段落间距

在InDesign 2022中可以控制段落间距量。如果段落首行在栏或框架的顶部，那InDesign 2022不会在该段落前插入额外间距。对于这种情况，可以在InDesign 2022中拖曳文本框的位置以调整间距量。

### 4.3.2 使用首字下沉

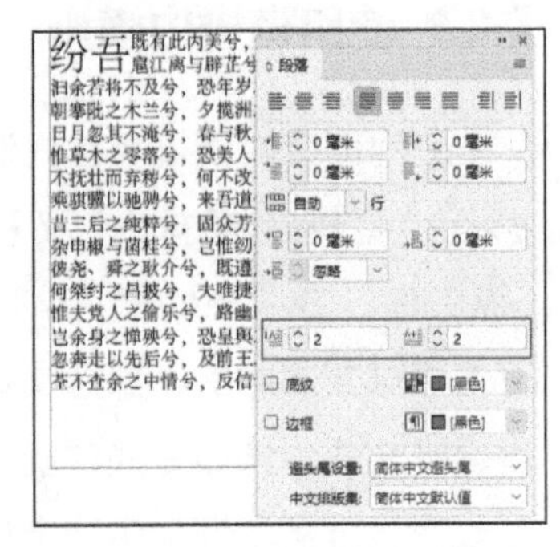

图4-22

一次可以对一个或多个段落添加首字下沉。首字下沉的基线比段落第一行的基线低一行或多行。

实现首字下沉的效果，首先要使用文字工具在需要出现首字下沉的段落中单击，然后在“段落”面板中设置首字下沉的行数和首字下沉的字符数，如图4-22所示。

### 4.3.3 添加段前线或段后线

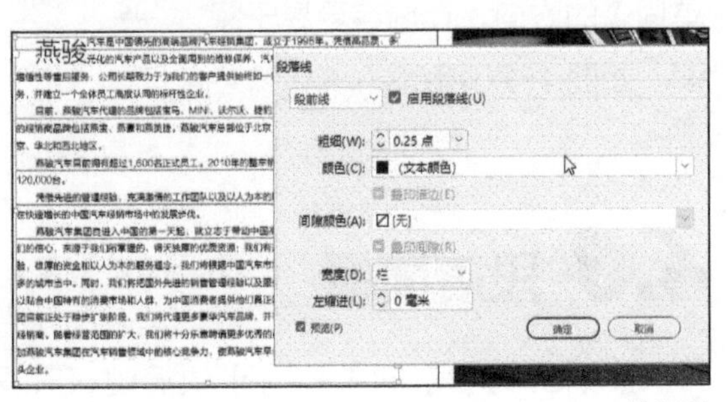

图4-23

段落线是一种段落属性，可随段落在页面中一起移动并适当调节长短。

在文档的标题中使用段落线，将段落线作为段落样式的一部分。

段落线的宽度由栏宽决定，如图4-23所示。

#### 1. 添加段前线或段后线

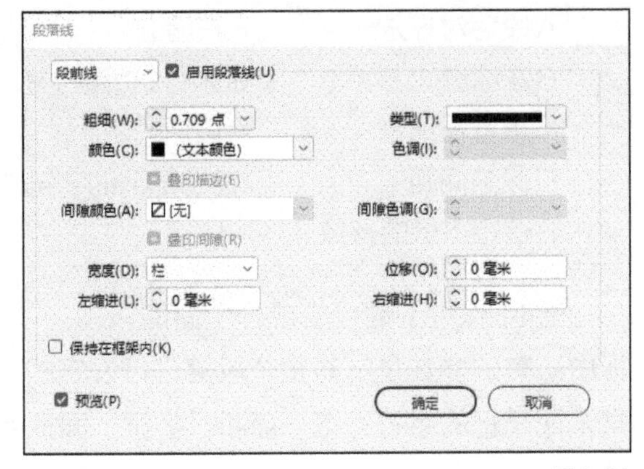


图4-24

选中文本，在“段落”面板或控制面板右上角的菜单中，执行“段落线”命令，弹出“段落线”对话框，在顶部选择段前线或段后线，勾选“启用段落线”选项和“预览”选项，如图4-24所示。勾选“预览”选项后可随时查看段落线的外观。

在“粗细”设置框中，可以选择一种粗细效果或设置参数，来确定段落线的粗细。在段前线中增加粗细，可向上加宽该段落线；在段后线中增加粗细，可向下加宽该段落线。确定段落线的垂直位置，在“位移”设置框中设置参数即可。在“左缩进”和“右缩进”设置框中设置参数，可设置段落线（而不是文本）向左缩进或向右缩进的尺寸。

为确保文本上方的段落线绘制在文本框架内，栏顶部的段落线与相邻的栏顶部文本对齐，需勾选“保持在框架内”选项。

#### 2. 删除段落线

使用文字工具单击包含段落线的段落，在“段落”面板右上角的菜单中，执行“段落线”命令，弹出“段落线”对话框后，取消勾选“启用段落线”选项，单击“确定”按钮即可删除段落线。

## 4.3.4 创建平衡的大标题文本

在InDesign 2022中，可以实现跨越多行平衡未对齐的文本。此功能非常适合多行标题、引文和居中段落的页面。

使用文字工具单击要平衡的段落，在“段落”面板右上角的菜单中或控制面板中，执行“平衡未对齐的行”命令即可平衡段落，如图4-25所示。

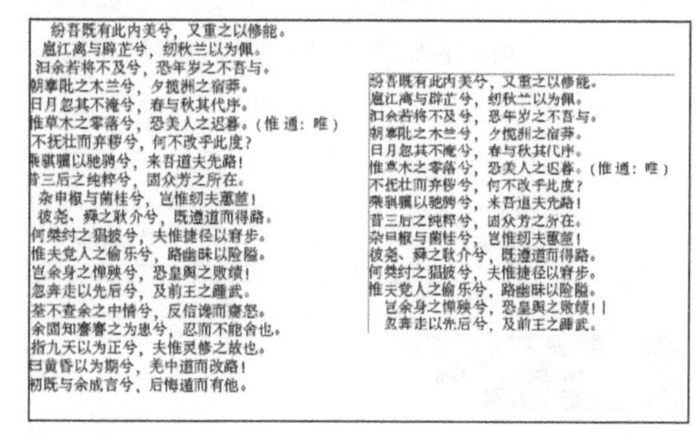

图4-25

> **提示** 只有将“对齐方式”设置为“左/顶对齐”“居中对齐”或“右/底对齐”时，执行“平衡未对齐的行”命令才有效。

## 4.3.5 制表符概述

制表符可以将文本定位在文本框架中特定的水平位置。

制表符对整个段落起作用，可以设置左对齐、居中、右对齐、小数点对齐或特殊字符对齐等制表符。选择需要使用制表符定位的文本，按【Ctrl】+【Shift】+【T】快捷键，打开“制表符”面板，如图4-26所示。

A 左对齐
B 居中对齐
C 右对齐
D 小数点对齐或特殊字符对齐

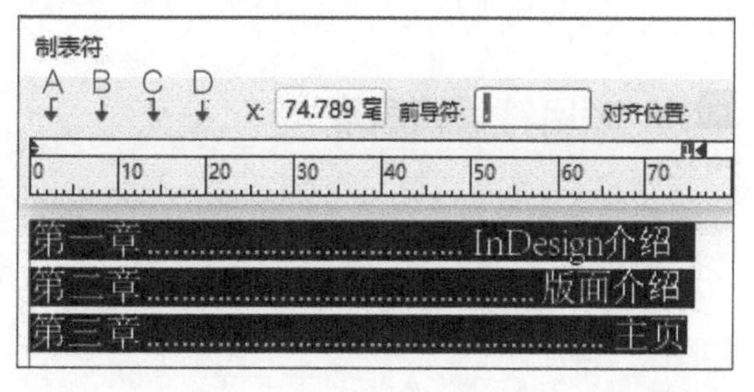


图4-26

### 制表符的用法

#### 操作步骤

**01** 在文本框中输入图4-27所示的文字，注意在“第一章”和“InDesign介绍”中按一下【Tab】键以插入一个表格标记。

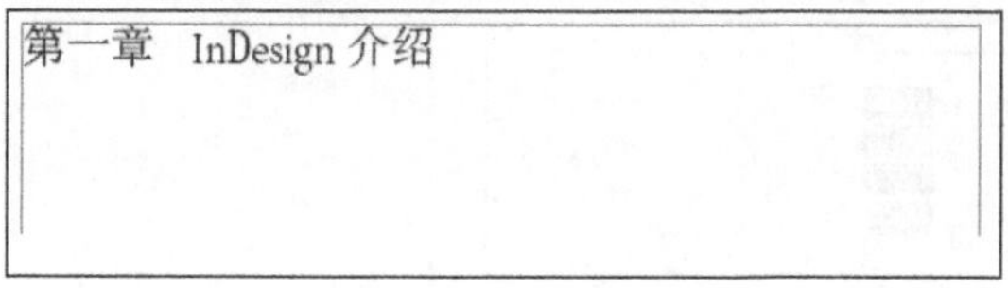

第一章　InDesign 介绍

图4-27

**02** 按【Enter】键换行，同理输入其他文字，如图4-28所示。

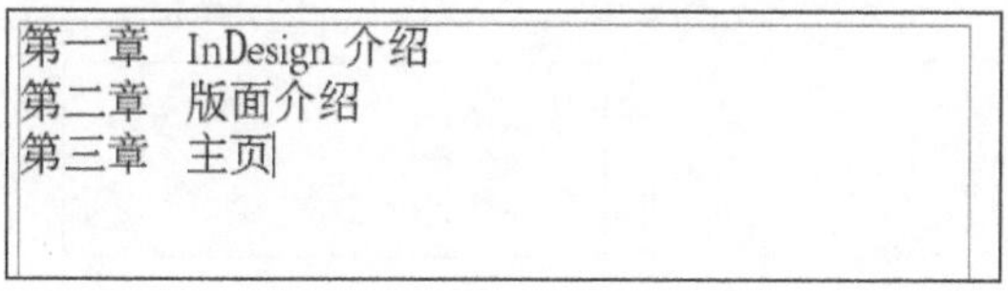

第一章　InDesign 介绍
第二章　版面介绍
第三章　主页

图4-28

**03** 使用文字工具选中输入的文字，按【Ctrl】+【Shift】+【T】快捷键，弹出“制表符”面板，如图4-29所示。可以看到制表符的标尺宽度和文本框架的范围同宽。

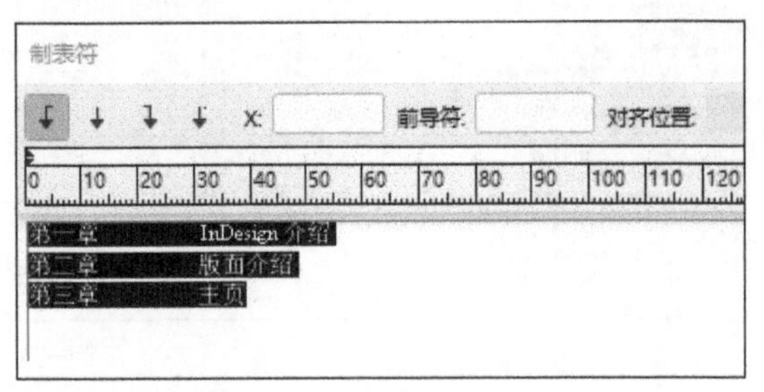

图4-29

**04** 在定位标尺上单击，以添加一个制表符对齐标记（默认为右对齐），可以发现【Tab】标记后面的文字响应了制表符标记的位置，如图4-30所示。

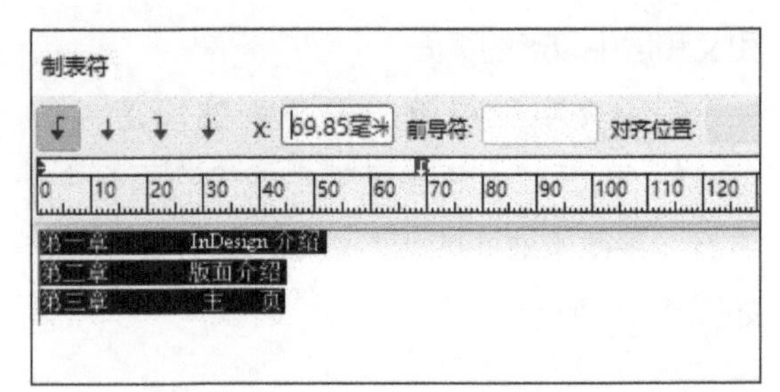

图4-30

**05** 拖曳制表符的位置来控制文字的位置，如图4-31所示。

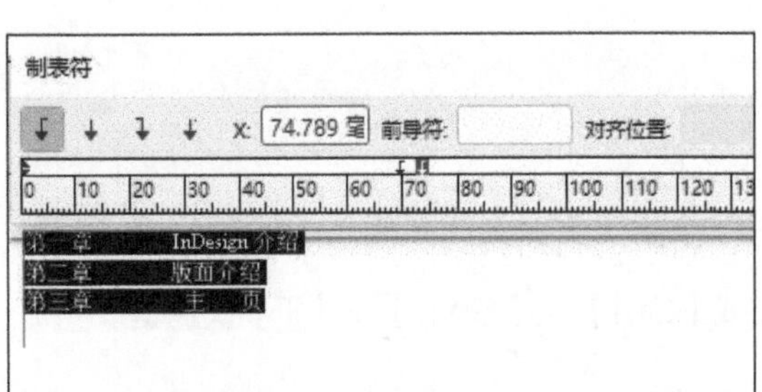

图4-31

**06** 保持制表符对齐标记选中的情况下，在“前导符”的文本框中输入“.”符号，按【Enter】键，效果如图4-32所示。

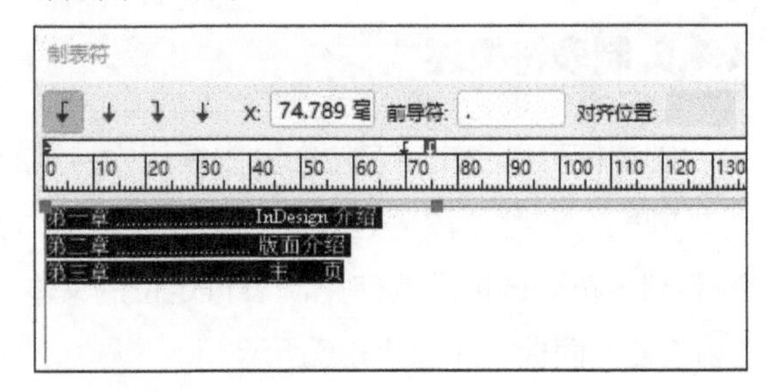

图4-32

## 4.3.6 项目符号和编号

在项目符号列表中，每个段落的开头都有一个项目符号字符，如图4-33所示。

要为文字添加项目符号，首先选中文字，然后在控制面板中单击“项目符号列表”按钮，如图4-34所示。

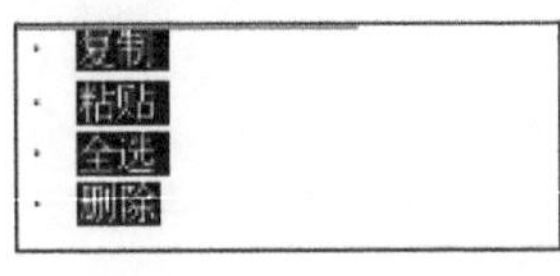

图4-33

图4-34

要为文字添加编号，首先选中文字，然后在控制面板中单击“编号列表”按钮，如图4-35所示。

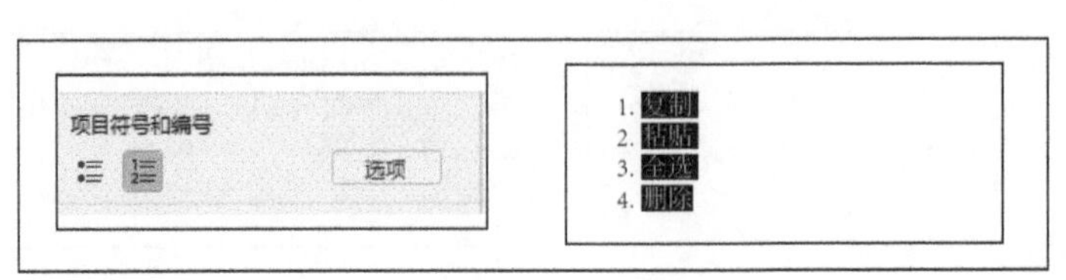

图4-35

修改默认的列表效果，选中已应用列表效果的文字，执行“段落”面板右上角菜单里的“项目符号和编码”命令，弹出“项目符号和编号”对话框，如图4-36所示。在其中设置列表类型为编号，格式为阿拉伯数字、大写字母、小写字母等。图4-37所示为修改格式为大写字母的效果。

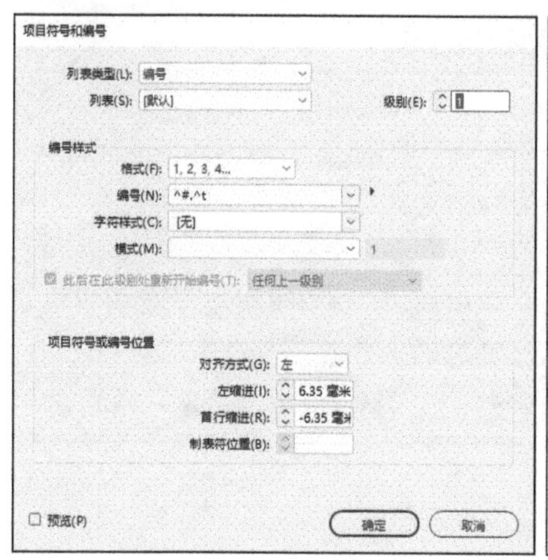


图4-36

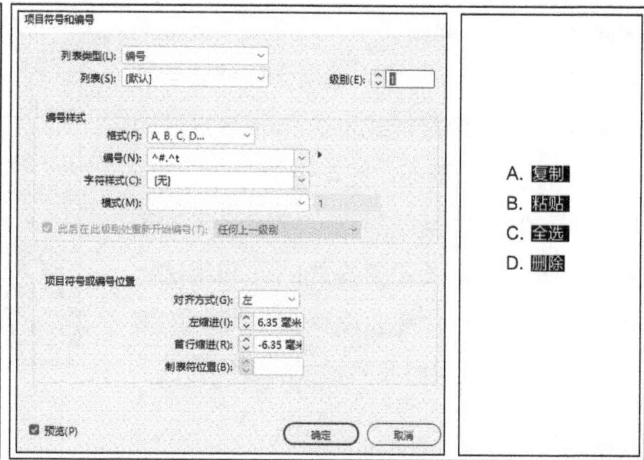


图4-37

### 4.3.7 使用避头尾设置

在文字排版时，标点符号可能出现在段落文本的前面，如图4-38所示，这样不符合行文的规范，可以使用避头尾设置来规避这种现象。

先选中段落或框架，然后在“段落”面板中从避头尾设置的下拉列表中选择一个选项，如在中文排版的情况下可以选择“简体中文避头尾”选项，如图4-39所示。

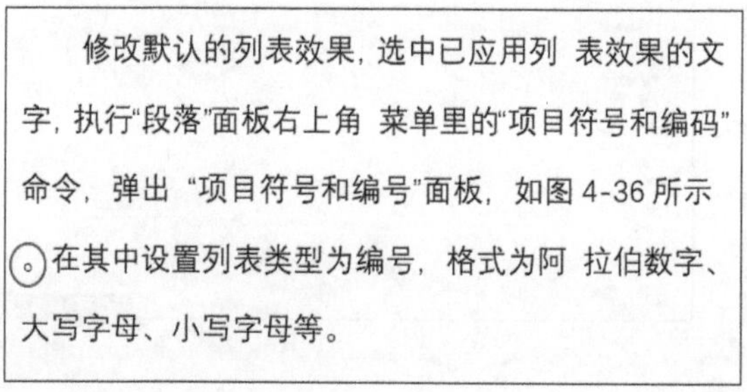

修改默认的列表效果，选中已应用列 表效果的文字，执行“段落”面板右上角 菜单里的“项目符号和编码”命令，弹出 “项目符号和编号”面板，如图 4-36 所示 。在其中设置列表类型为编号，格式为阿 拉伯数字、大写字母、小写字母等。

图4-38

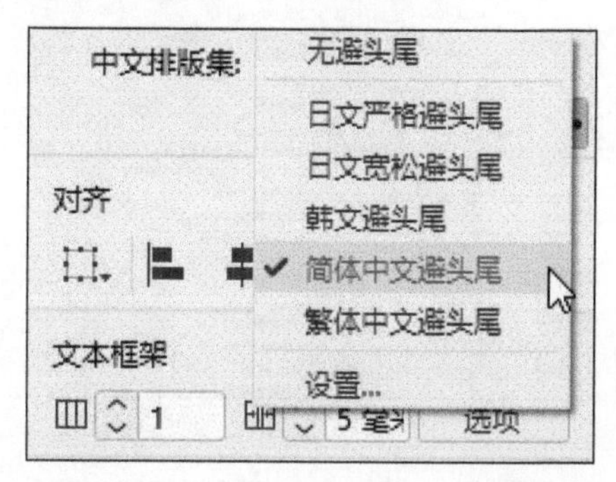


图4-39

## 4.4 字符样式

字符样式是指通过一个步骤就可以应用于文本的一系列字符格式属性的集合。例如，在一个文档中对某个部分的文字设定了属性后，想在同一个设计稿件中的其他地方也使用这种属性，就可以将它定义为一种字符样式。

# 4.5 段落样式

段落样式和字符样式的意思及操作方式基本相同，唯一的区别是字符样式仅仅针对选中的文字进行应用，而段落样式是针对一个整体段落的格式设定。在应用段落样式时，不一定要选中具体的某个或某段文字，只需要将光标插入某一段文本中即可。

在具体的设计实战中，通常会根据文字的层次来设定多个段落样式，这样非常方便对文字格式的修改和更新。图4-40所示为排版一本书时，为不同类型的文字内容设定的不同的段落样式。有关段落样式的详细用法将在InDesign 2022“商业设计实战篇”的案例中讲解，这里只讲解段落样式的设定方法。

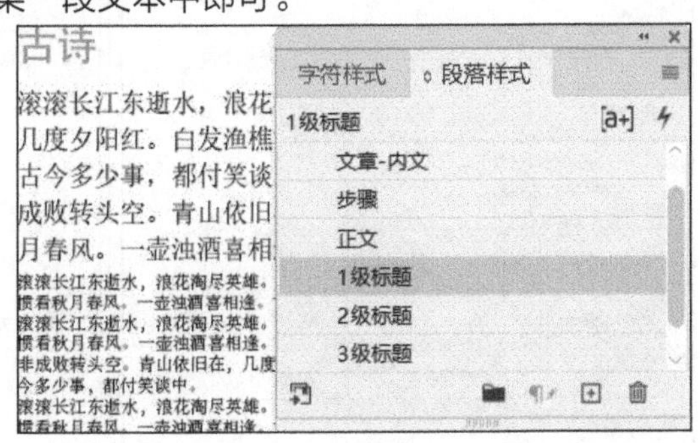


图4-40

## 设定段落样式

### 操作步骤

**01** 首先选中要定义段落样式的文本，然后单击“段落样式”面板右上角的菜单，执行“新建段落样式”命令，如图4-41所示。

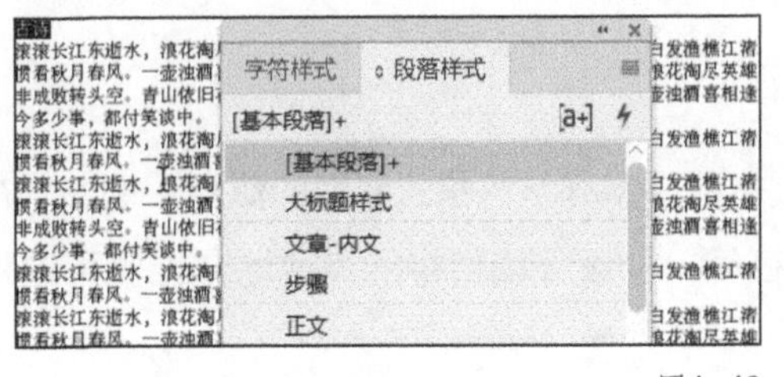

图4-41

**02** 由于选中的文本已有段落样式，所以在弹出的“段落样式选项”对话框中只需为当前样式命名，如“大标题样式”，再单击“确定”按钮，如图4-42所示。

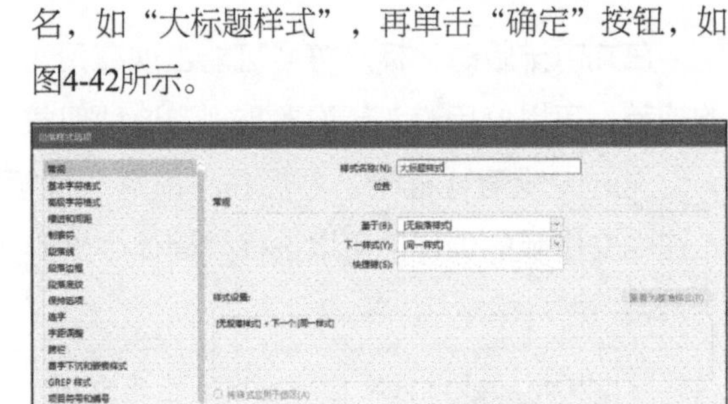

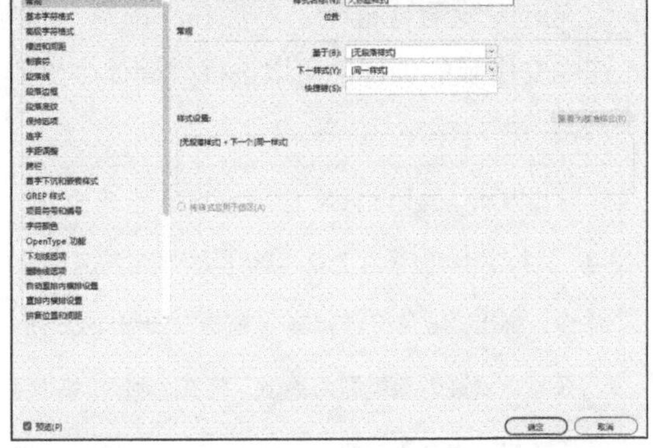

图4-42

**03** 可以看到“段落样式”面板中出现新建的“大标题样式”段落样式，如图4-43所示。

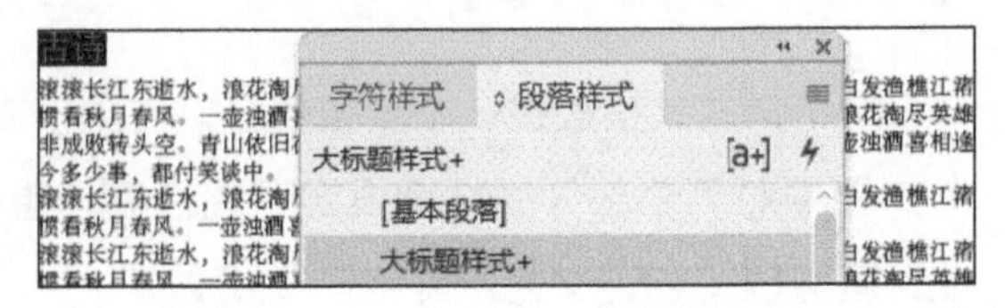



图4-43

**04** 选中下一页的大标题“古诗”，单击“段落样式”面板中的“大标题样式”段落样式，即可应用新的样式效果，如图4-44所示。



图4-44

# 4.6 串接文本

文本框架中的文本可独立于其他框架。如果要在多个文本框架之间连续排文，必须先连接这些文本框架。连接的文本框架可位于同一页或跨页，也可位于文档的其他页。在文本框架之间连接文本的过程称为“串接文本”，也称为“链接文本框架”或“链接文本框”。

每个文本框架都包含一个入口和一个出口，这些端口用来与其他文本框架进行连接。空的入口或出口分别表示文章的开头或结尾。端口中的箭头表示该文本框架链接到另一文本框架。出口中的红色“+”号表示该文章中有更多要导入的文本，但没有更多的文本框架可放置文本，这些剩余的不可见文本称为溢流文本。

使用“置入”命令置入的多个页面间的文本框架，默认情况下就是串接文本状态。执行“视图→其他→显示文本串接”命令，可查看串接的状态，如图4-45所示。

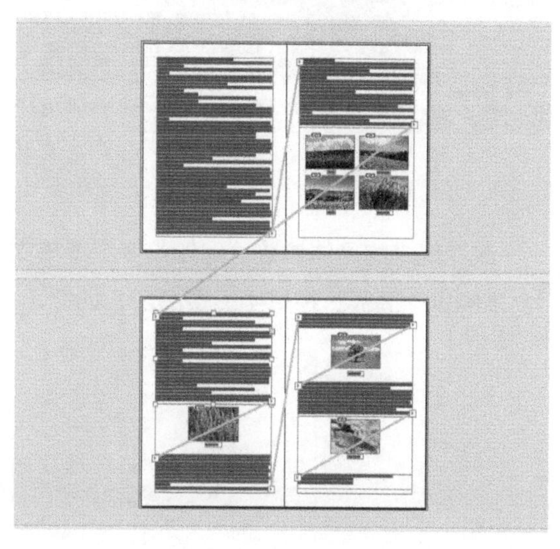

图4-45

# 4.7 文本绕排

当在一段文字中插入一张图片时，可以为这张图片设置不同的绕排效果。图4-46所示的为导入位图后控制面板中的绕排功能选项。

图4-47 ~图4-50展示的是绕排的4种效果，分别是无文本绕排、沿定界框绕排、沿对象形状绕排和上下型绕排。

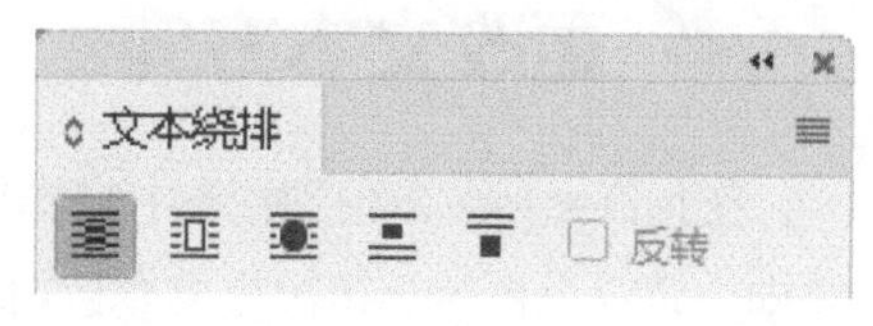


图4-46

无文本绕排

图4-47

沿定界框绕排

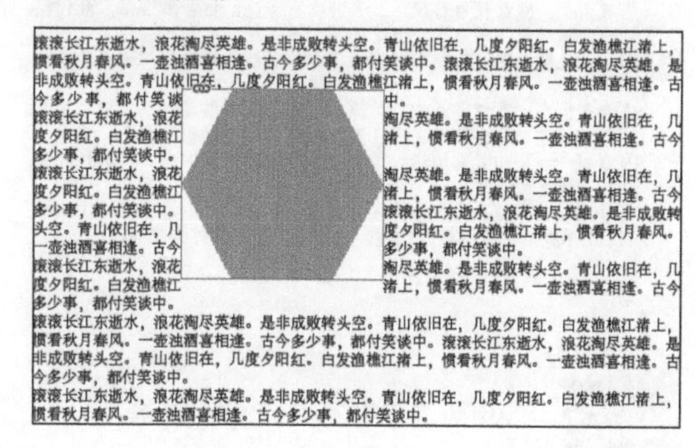

图4-48

沿对象形状绕排

上下型绕排

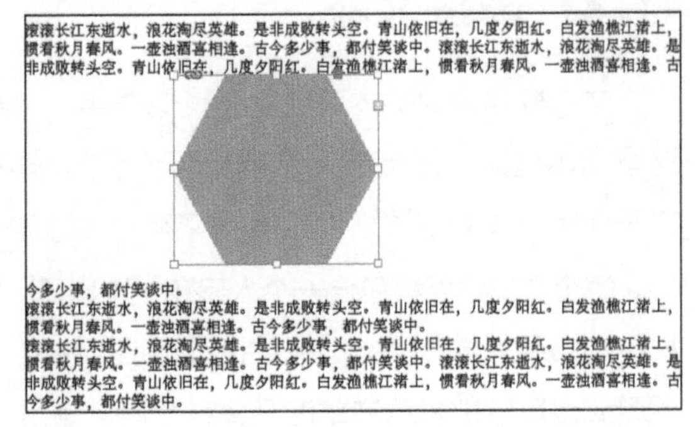

图4-49

图4-50

改变绕排的具体参数，例如改变图形与文字的间距，执行“窗口→文本绕排”命令，打开“文本绕排”面板，在其中设置参数，如图4-51所示。

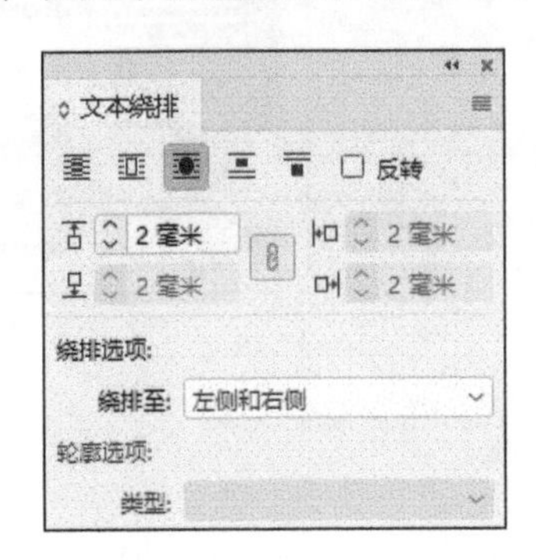


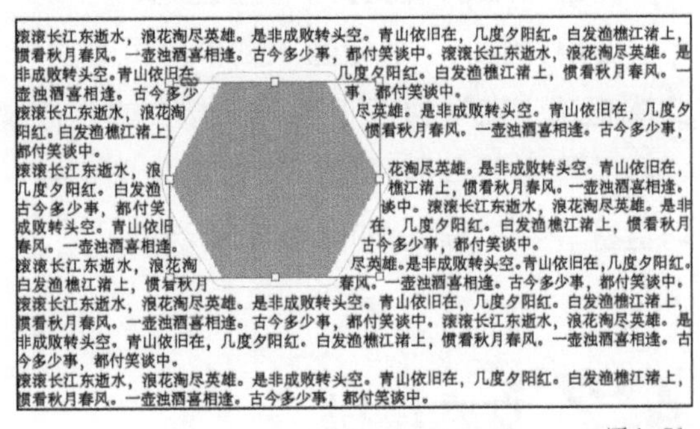

图4-51

# 4.8 更改文本方向

在InDesign 2022中选中文本框架，执行“文字→排版方向→水平”或“文字→排版方向→垂直”命令，可改变文本的排列方向，如图4-52所示。更改文本框架的排版方向，将导致整篇文章被更改，所有与选中的文本框架串接的框架都会受到影响。

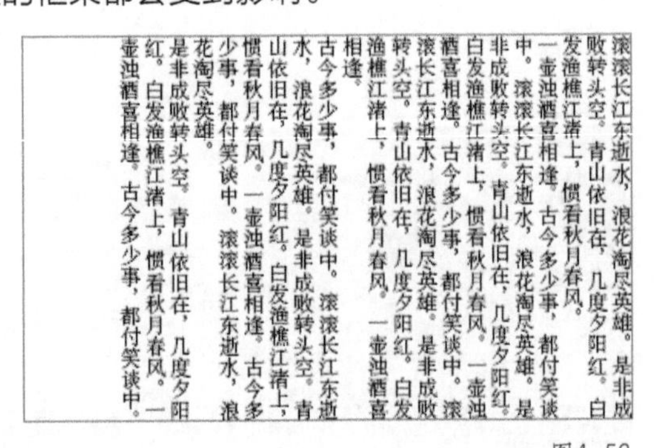

图4-52

> **提示** 要更改文本框架中单个字符的方向，使用“直排内横排”功能或“字符”面板中的“字符旋转”功能即可。

# 4.9 字数统计

选中需要统计字数的文字，执行“窗口→信息”命令，打开图4-53所示的“信息”面板。“信息”面板会显示针对字符类型的字数统计（例如全角字符数和汉字字符数），罗马字字数、行数、段落数和总字数统计等信息。

框架网格底部也会显示字数统计信息，如图4-54所示。

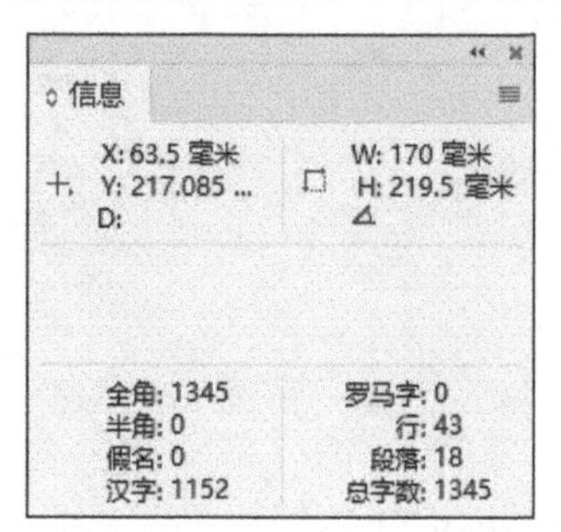


图4-53

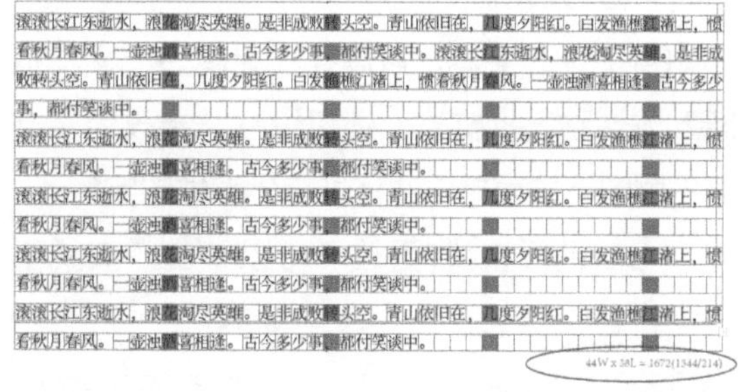

图4-54

# 4.10 查找和更改条件文本

在InDesign 2022中排版大量文本时，会出现需要重复更改的内容或一些不易找到的内容，“查找/更改”对话框就显得尤为重要，通过此对话框可以快速查找想要找到或需要更改的内容。

“查找/更改”对话框包含多个选项卡，可在InDesign 2022打开的页面中指定要查找或更改的内容、格式等，如图4-55所示。

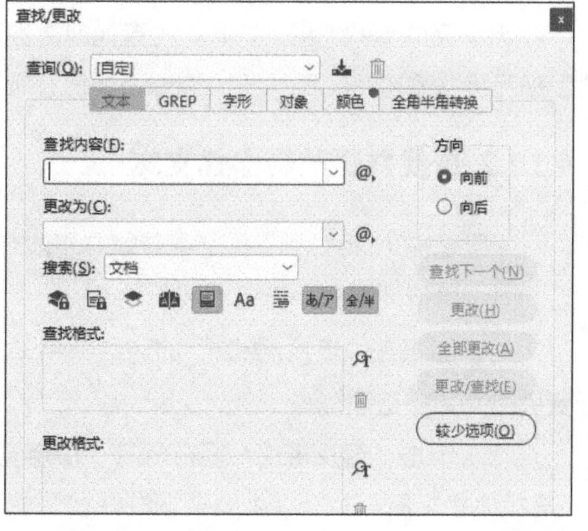


图4-55

**提示** 如果希望列出、查找并替换文档中的字体，则使用“查找字体”命令，而不是“查找/更改”命令。

## 4.10.1 查找和更改文本

在InDesign 2022中搜索一定范围的文本或某篇文章，需要选择该文本或将插入点放在文章中。如果要搜索多个文档，则需要打开相应的文档。以下是在InDesign 2022中查找和更改文本的步骤。

（1）执行“编辑→查找/更改”命令，然后单击“文本”选项卡。

（2）在“搜索”下拉列表中选择搜索范围，然后单击相应图标以包含锁定图层、主页、脚注和要搜索的其他项目。

（3）查找内容。可以在“查找内容”文本框中输入要搜索的内容，键入或粘贴要查找的文本；如果是搜索或替换制表符、空格或其他特殊字符，那在“查找内容”文本框右侧的下拉菜单中选择具有代表性的字符（元字符）；还可以选择任意数字或任意字符等通配符选项来进行查找，如图4-56所示。

（4）更改文本。可以在“更改为”文本框中键入或粘贴替换文本，还可以从“更改为”文本框右侧的下拉菜单中选择具有代表性的字符。

（5）进行查找/更改。可以单击“查找下一个”按钮、“更改”（更改当前实例）按钮、“全部更改”（出现一则消息，指示更改的总数）按钮或“查找/更改”（更改当前实例并搜索下一个）按钮来进行查找和更改文本。

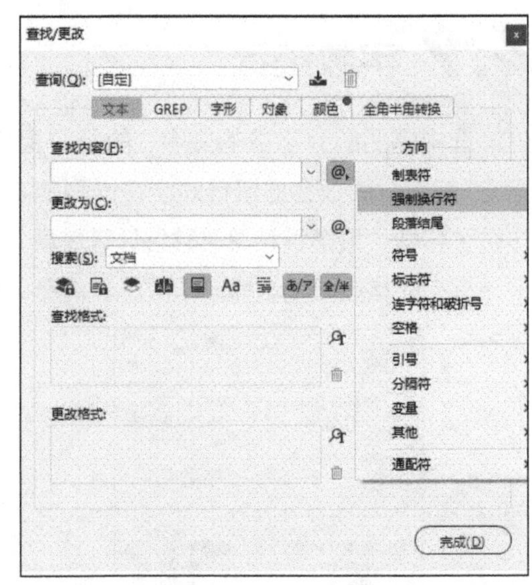


图4-56

（6）完成查找/更改文本。在查找或更改完内容后单击“完成”按钮。如果改变内容后，发现替换文本错误，则执行“编辑→还原替换文本”命令即可还原。

## 4.10.2 查找并更改带格式文本

如果是在InDesign 2022中查找并更改带格式的文本，那么具体的操作步骤如下。

（1）执行“编辑→查找/更改”命令。

（2）如果在“查找/更改”的对话框中未出现“查找格式”和“更改格式”选项，那么需要单击“更多选项”。

（3）单击“查找格式”框右侧的“指定要查找的属性”按钮，如图4-57所示。在弹出的“查找格式设置”对话框中的“字符样式”或“段落样式”下拉列表中选择一种样式，或在其他的选项卡中选择某种字体属性作为查找的条件，如图4-58所示。

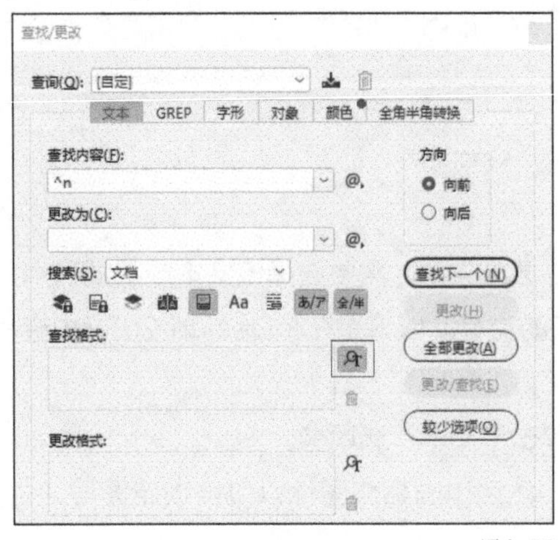


图4-57

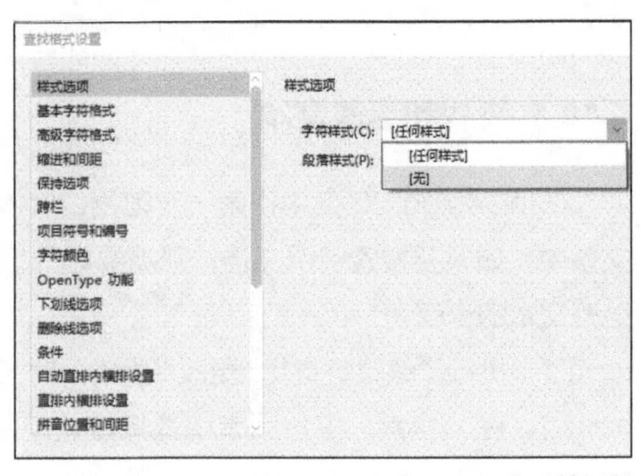


图4-58

（4）单击“更改格式”框右侧的“指定要查找的属性”按钮，在弹出的“更改格式设置”对话框中设置需要更改的格式选项。

（5）单击“查找下一个”按钮，然后单击“更改”按钮，或直接单击“全部更改”按钮即可完成替换的过程，如图4-59所示。

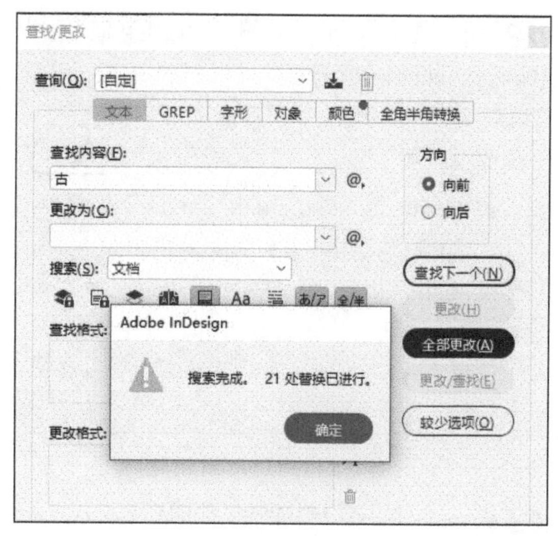

图4-59

## 4.11 实战案例：签售会宣传海报

目标：通过制作图4-60所示的宣传海报，初步熟悉InDesign 2022的基本环境、操作方式，以及基本图形工具、文字工具、控制面板的使用。

图4-60

### 操作步骤

**01** 新建一个文件，将页数设置为1，尺寸设置为900毫米（宽度）× 1200毫米（高度），页面方向设置为纵向，如图4-61所示。

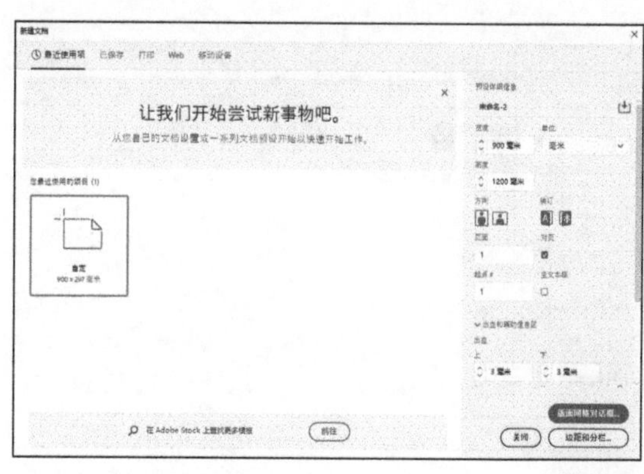

图4-61

> **提示** 因为当前是设计一个单页，没有必要定义版心，所以边距的数值设置为0。版心根据不同情况进行设定，没有固定的数值。

**02** 单击“边距与分栏”按钮，将边距数值设置为100毫米，如图4-62所示。

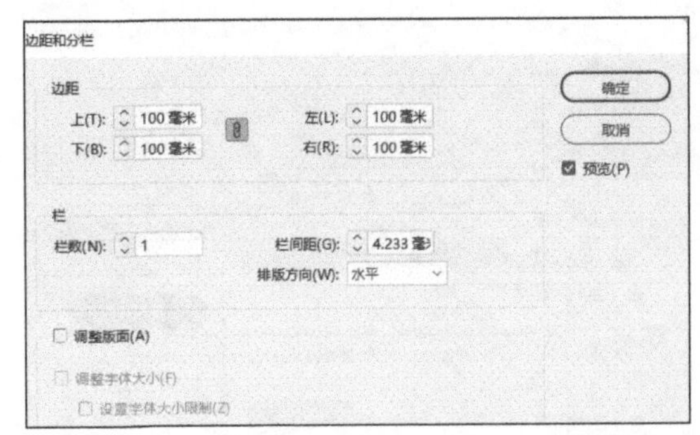


图4-62

**03** 单击“确定”按钮，页面创建完成，如图4-63所示。

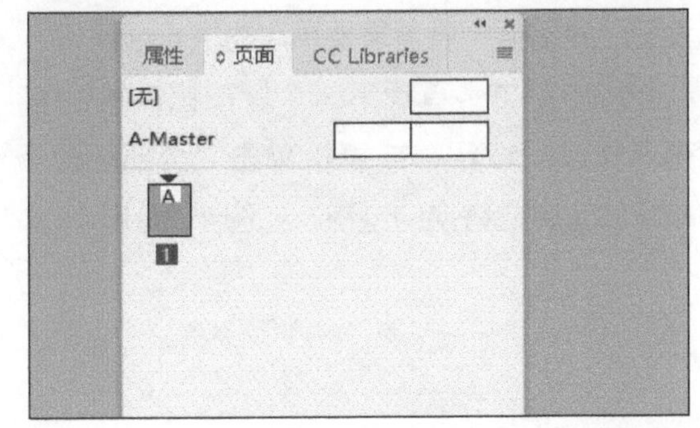


图4-63

**04** 执行“文件→置入”命令，如图4-64所示。

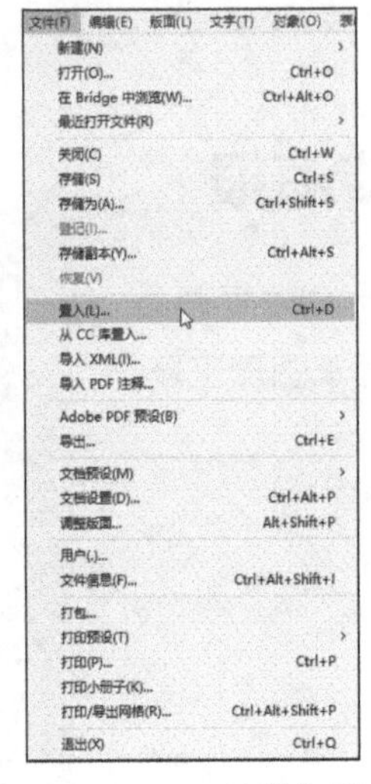


图4-64

**05** 在弹出的“置入”对话框中选择“背景1”图片，单击“打开”按钮，把图片置入页面中并调整到合适的位置，如图4-65所示。

图4-65

**06** 按【Ctrl】+【D】快捷键，置入出版社Logo，如图4-66所示。

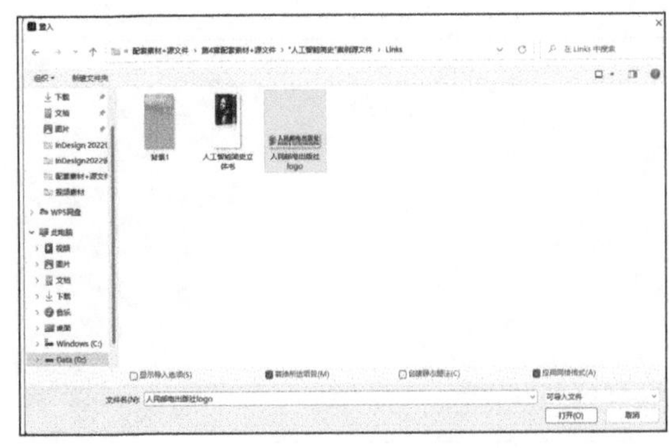

图4-66

**07** 使用鼠标拖曳出版社Logo至“背景1”图片的左上角，如图4-67所示。

图4-67

**08** 使用文字工具绘制一个文本框，在其中输入文字“写给孩子们看的人工智能启蒙书”。将其字体设置为方正劲黑简体，字号设置为80点，颜色设置为C=20 M=45 Y=90 K=10，如图4-68、图4-69和图4-70所示。

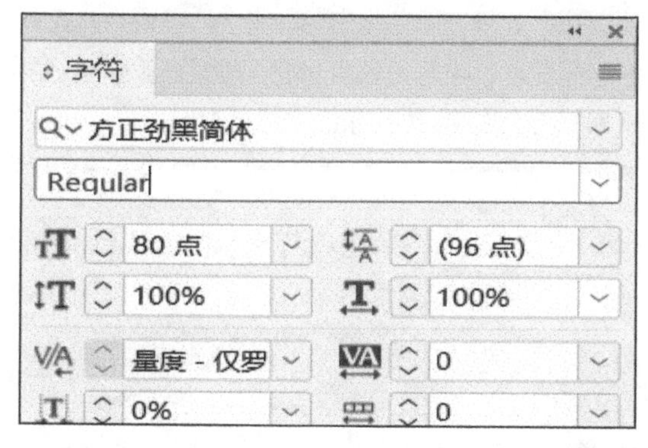


图4-68

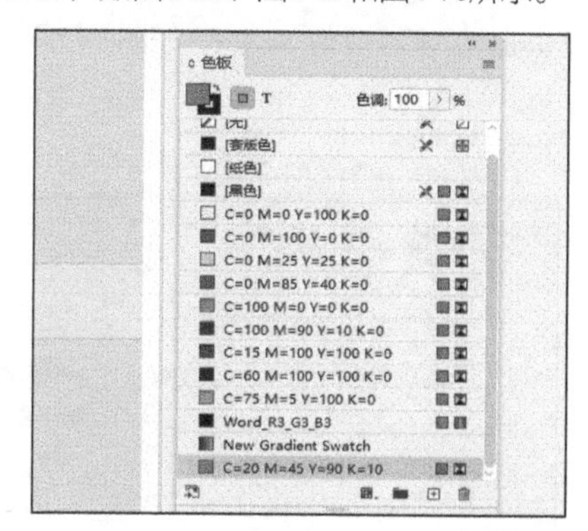


图4-69

图4-70

**09** 使用文字工具输入“唤醒天赋 最佳礼物”，将字体设置为方正劲黑简体，字号设置为135点，颜色与上一句一致，如图4-71所示。

图4-71

**10** 文字工具输入“《人工智能简史》主题分享暨签售会”，将字体设置为方正劲黑简体，字号设置为190点，如图4-72所示。

图4-72

**11** 把字体颜色调整成白色并把文字放到合适位置，如图4-73所示。

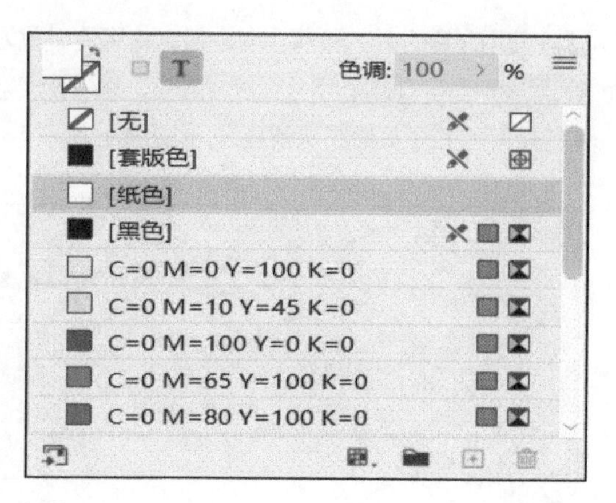


图4-73

**12** 使用文字工具输入“未来是人工智能的时代，别让孩子输在起跑线”，将字体设置为方正兰亭特黑简体，字号设置为95点，如图4-74所示。

图4-74

**13** 使用矩形工具绘制一个矩形框并填充颜色，使用文字工具输入“2018年1月27日13:00 上海书城福州路店”，填充颜色为白色，将字体设置为方正兰亭特黑简体，字号设置为54点，放置在刚刚绘制的矩形框上，如图4-75所示。

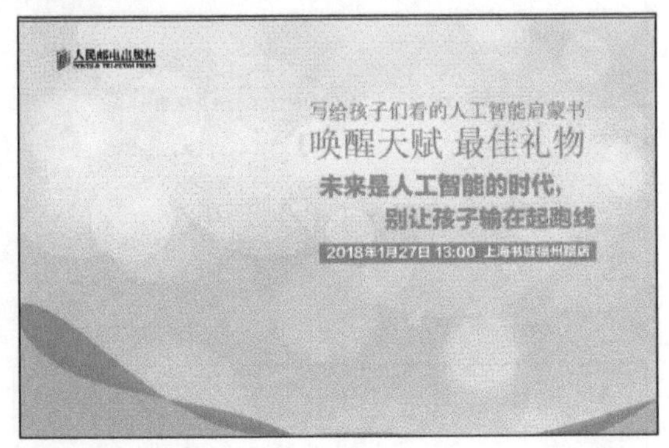


图4-75

**14** 使用文字工具，输入签售会的宣传内容，将字体设置为方正兰亭准黑_GBK，字号设置为48点，如图4-76所示。

图4-76

**15** 按【Ctrl】+【D】快捷键，在“置入”对话框中选择“《人工智能简史》立体封”图片，单击“打开”按钮置入图片。调整图片大小，并移动到合适的位置，如图4-77所示。

图4-77

**16** 使用文字工具，输入作者姓名，将字体设置为方正兰亭粗黑_GBK，字号设置为70点，然后在文字的左右用直线工具绘制两条直线，如图4-78所示。

图4-78

**17** 使用文字工具，输入作者简介，将字体设置为方正兰亭准黑_GBK，字号设置为48点，如图4-79所示。

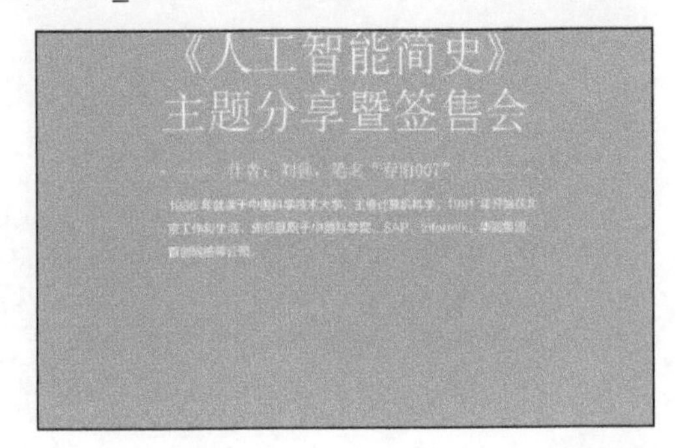


图4-79

**18** 使用文字工具在作者简介的下方输入“人工智能简史”，将字体设置为方正兰亭特黑简体，字号设置为80点。再另起一行输入“发现科学之美 艺术之美人性之美”，将字体设置为方正兰亭粗黑_GBK，字号设置为70点，如图4-80所示。

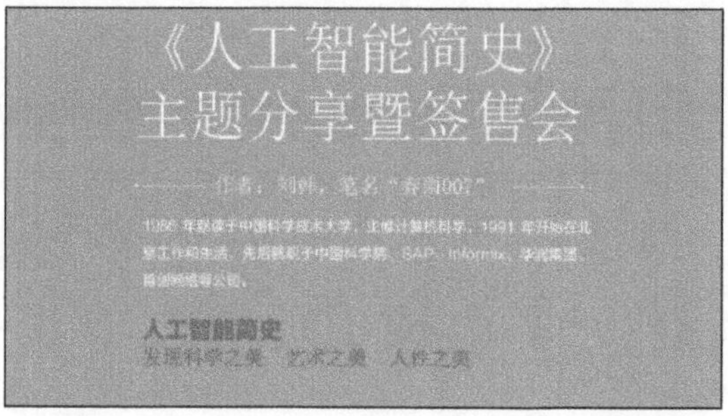

图4-80

**19** 使用矩形工具绘制一个120毫米（W）×120毫米（H）的正方形，填充为白色，并放置到海报的右下角，效果如图4-81所示。

图4-81

**20** 使用文字工具在白色正方形下方输入“写书评，赢大奖”，将字体设置为方正兰亭准黑_GBK，字号设置为38点，颜色设置为白色，如图4-82所示。

图4-82

**21** 调整海报的细节，最终效果如图4-83所示。

图4-83

**22** 执行“文件→导出”命令，将当前的文件导出为需要的其他文件格式。因为本案例是海报，所以导出为JPEG格式，如图4-84所示。

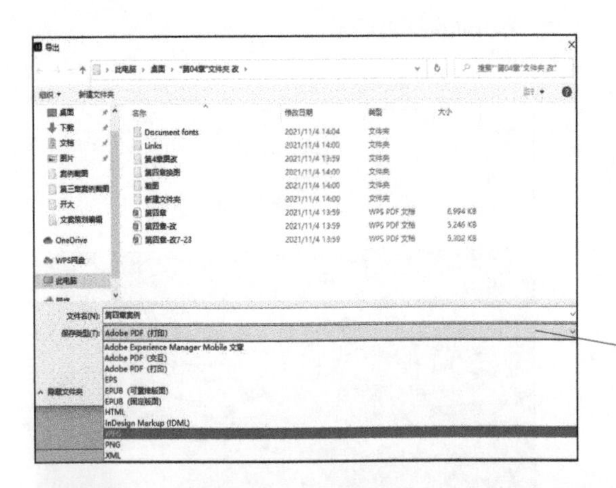


图4-84

**提示**　一般情况下，用于打印和印刷的文件需要导出为“Adobe PDF（打印）”格式；如果是需要在Windows中查看和预览，则导出为JPEG格式。

打开“每日设计”App，搜索关键词SP090401,即可观看“实战案例：签售会宣传海报”的讲解视频。

**提示**　本章出现的快捷键如下。

【Alt】+【→】：增加字距/微调字距

【Alt】+【←】：减小字距/微调字距

【Alt】+【↓】：加大行距

【Alt】+【↑】：减小行距

【Ctrl】+【D】：置入图片

# 第 5 章
# 图像

InDesign 2022支持导入多种格式的图像文件，提高了图像编排的效率，降低了错误发生的概率。本章总结了适合于设计文档的图像格式。

本章将详细地讲解图像的各种知识。

本章核心知识点：

· 了解图像格式

· 置入图像

· 从其他应用程序置入文件

· 管理图像链接

# 5.1 了解图像格式

本节将讲解在InDesign 2022中经常使用的图像格式。

InDesign 2022支持置入多种格式的图像文件，这些格式一般可以分为两大类——矢量图和位图。

## 1. 关于矢量图像

矢量图像（有时称作矢量形状或矢量对象）由称作矢量的数学对象定义的直线和曲线构成。矢量根据图像的几何特征对图像进行描述。

矢量图像在进行任意地移动、放大、缩小以及旋转后，都不会丢失细节或影响清晰度。矢量图像与分辨率无关，即当调整矢量图像的大小、将矢量图像打印到PostScript 打印机、在 PDF 文件中保存矢量图像或将矢量图像置入基于矢量的图像应用程序中时，矢量图像都能保持清晰的边缘。因此，对于输出媒体中采用的不同大小的图像（如徽标），矢量图像是最佳选择，如图5-1所示。

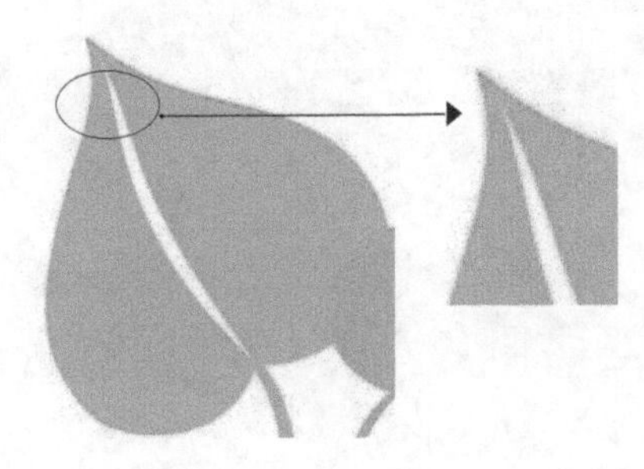

图5-1

## 2. 关于位图图像

位图图像（在技术上称作栅格图像）使用图片元素的矩形网格（像素）表现图像。每个像素都分配有特定的位置和颜色值。在处理位图图像时，编辑的是像素，而不是对象或形状。位图图像是连续色调图像（如照片或数字绘画）最常用的格式，因为它们可以更有效地表现阴影和颜色的细微层次。

位图图像与分辨率有关，也就是说它们包含固定数量的像素。因此，如果在屏幕上以高缩放比例对它们进行缩放，或以低于创建时的分辨率来打印它们，就会丢失图像中的细节，并呈现出锯齿。图5-2所示为一辆自行车放大后查看细节呈现出的锯齿状。

图5-2

# 5.2 从其他应用程序置入文件

InDesign 2022支持很多格式的图像文件，这意味着可以置入很多其他图像程序创建的文件，尤其是与Adobe系列的图像程序协作起来更加流畅。

## 5.2.1 置入 Adobe Illustrator 图像

置入Illustrator 图像的方式取决于置入后需要对图像进行多大程度的编辑。

### 1. 以链接的方式置入

执行“文件→置入”命令，置入Illustrator源文件AI格式的图形。编辑图像，执行“编辑→编辑原稿”命令，在 Illustrator 中打开图像进行修改，修改完毕按【Ctrl】+【S】快捷键保存，然后回到InDesign 2022中即可看到图像已自动更新。

### 2. 将 Illustrator 图像粘贴到InDesign 2022 中

将图像从 Illustrator中粘贴到 InDesign 2022 文档中，这种方式置入的图像在 InDesign 2022 中显示为可编辑对象的一个分组集合。

将图像从Illustrator中复制，然后粘贴到InDesign 2022中，图像将嵌入InDesign 2022文档中，不会创建指向原始Illustrator文件的链接。

## 5.2.2 置入 PSD 文件

在Photoshop 4.0及更高版本中创建的位图图像可以直接置入InDesign 2022中，置入的文件以链接的形式存在。

修改置入InDesign 2022中的图像，可执行“编辑→编辑原稿”命令，在 Photoshop 中打开图像进行修改，修改完毕后按【Ctrl】+【S】快捷键保存，回到InDesign 2022中即可看到图像已自动更新。

## 5.2.3 置入其他格式图像

InDesign 2022 支持多种图像格式，除位图格式（如TIFF、GIF、JPEG 和BMP）和矢量格式（如 EPS）两大类，其他支持的格式还有DCS、PICT、WMF、EMF、PCX、PNG 和 Scitex CT (.sct)，还可以将 SWF 文件作为影片文件置入。

### 1. TIFF(.tif)文件

TIFF 格式是一种灵活的位图图像格式，大多数的绘画、图像编辑和页面布局的应用程序都支持这种格式，大多数的桌面扫描仪都可以生成 TIFF 图像。

TIFF 格式支持 CMYK、RGB、灰度、Lab、索引颜色以及具有 Alpha 和专色通道的位图文件。在置入TIFF文件时可以选择 Alpha 通道或专色通道，专色通道在 InDesign 2022 中的“色板”面板中显示为专色。

InDesign 2022 支持 TIFF 图像中的剪切路径。用户可以使用图像编辑程序（如 Photoshop）创建剪切路径，以便为 TIFF 图像创建透明背景。

### 2. 图像交换格式(.gif)文件

图像交换格式 (GIF) 是一种用于万维网及其他在线服务的图像显示标准格式。由于它可以在不丢失细节的情况下压缩图像数据，因此它的压缩方法称为无损压缩。此类压缩适合使用于有限数目颜色的纯色图像，如徽标和图表。

因为 GIF 格式最多只能显示 256 种颜色，所以它在显示在线照片方面效果不是很好（请改用 JPEG格式），建议不要将其用于商业印刷。

### 3. JPEG(.jpg)文件

JPEG 格式通常用于通过 Web 和其他在线媒体传播的 HTML 文件中的照片以及其他连续色调图像。

JPEG 格式支持 CMYK、RGB 和灰度颜色模式，与 GIF 不同，JPEG 可以保留 RGB 图像中所有的颜色信息。

JPEG 格式使用可调整的损耗压缩方案，该方案可以识别并丢弃对图像显示无关紧要的多余数据，从而有效地减小文件大小。压缩级别越高，图像品质就越低，文件就越小；压缩级别越低，图像品质就越高，文件就越大。大多数情况下，使用“最佳品质”选项存储的图像与实际图像差别不大。

**提示** 在图像编辑应用程序（如 Photoshop）中，对EPS文件或DCS文件进行的JPEG编码操作并不会创建JPEG文件，相反，它会使用上述JPEG压缩方案压缩该文件。

JPEG 适用于照片，但纯色 JPEG 图像（大面积使用一种颜色的图像）通常会损失锐化程度。InDesign 2022 可以识别并支持在Photoshop 中创建的剪切路径。JPEG 可以用于在线文档和商业印刷文档。

### 4. 位图(.bmp)文件

BMP 格式是 DOS 和 Windows 兼容计算机上的标准 Windows 位图图像格式。BMP 不支持 CMYK颜色模式，仅支持 1 位、4 位、8 位或 24 位颜色。它不太适用于商业印刷文档或在线文档，在某些 Web 浏览器中也不受支持。在低分辨率或非 PostScript 打印机上打印时，BMP图像的品质一般。

# 5.3 置入图像

## 5.3.1 置入图像概述

“置入”命令是用于向 InDesign 2022 插入图像的主要方法，因为该命令可以提供最高级别的分辨率、文件格式、多页面 PDF、INDD 文件和颜色支持。置入图像也称为导入图像和插入图片。

如果创建的文档不具备关键特性，则可以通过复制和粘贴向 InDesign 2022 导入图像。但是，粘贴操作是将图像嵌入文档，指向原始图像文件的链接将断开，不会显示在“链接”面板中，因此无法从原始文件中更新图像。不过，粘贴 Illustrator 图像时，允许在 InDesign 2022 中编辑路径。

置入图像文件时，可以使用哪些选项取决于图像的格式类型。在“置入”对话框中勾选“显示导入”选项后，就会显示可使用的选项。图5-3所示为勾选“显示导入”选项后，置入PSD格式时的“图像导入选项”对话框。

在置入图像文件时未勾选“显示导入”选项，InDesign 2022 将应用默认设置或上次置入该类型图像文件时使用的设置。

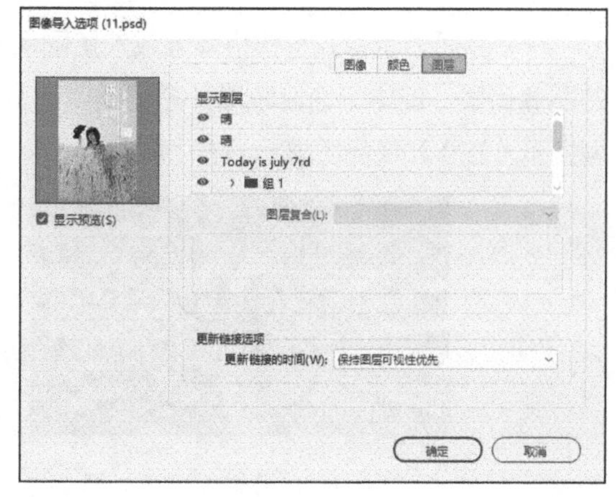


图5-3

## 5.3.2 置入多个图像

使用“置入”命令可以实现一次导入多个图像。

（1）向框架中置入一些项目或所有项目时，可以为这些图像创建框架。

（2）执行“文件→置入”命令，选择需要置入的文件，单击“打开”按钮，选中图像文件、文本文件、InDesign文件及其他可以添加到 InDesign 2022 文档中的文件。

（3）在InDesign 2022文档中单击或按住鼠标左键拖曳即可导入图像。

## 5.3.3 拖放图像

图片可以从计算机的资源管理器中直接拖曳到InDesign 2022的文档内。拖曳图像的原理与“置入”命令相似，图像在置入后将显示在“链接”面板中。从资源管理器中选择一个或多个图像，按住鼠标左键将其拖曳到InDesign 2022打开的文档窗口中，该文件将显示在InDesign 2022中的“链接”面板中。

### 5.3.4 设置图像显示模式

置入文档中的图像可能显示为像素化、模糊或粒状效果，这是因为InDesign 2022默认情况下采用低分辨率来显示图像。执行“视图→显示性能”命令，可在其中改变显示的效果。

#### 1. 快速显示

在快速显示模式下栅格图像或矢量图像将显示为灰色框（默认值），需要快速翻阅包含大量图像或透明效果的跨页时使用此模式。

#### 2. 典型显示

在典型显示模式下图像或矢量图像将显示为低分辨率代理图像（默认值）。典型显示模式是默认选项，并且是显示可识别图像的快捷方法。

#### 3. 高品质显示

在高品质显示模式下栅格图像或矢量图像将以高分辨率显示（默认值）。此选项提供最高的图像品质，但执行速度较慢，需要微调图像时使用此选项。图5-4所示为同一张图像的典型显示（左）和高品质显示（右）效果。

图5-4

## 5.4 管理图像链接

### 5.4.1 “链接”面板概述

执行“窗口→链接”命令可打开“链接”面板。“链接”面板中列出了文档中置入的所有文件，每个链接文件和自动嵌入的文件都通过名称来标识，如图5-5所示。

下面讲解“链接”面板下方的按钮命令。

要重新链接图像，可以在“链接”面板中选择相关链接，然后单击“重新链接”按钮，在弹出的对话框中选择需要替换的图像文件，再单击“确定”按钮。

要选择并查看链接的图像，可以在“链接”面板中选择相关链接，单击“转到链接”按钮。

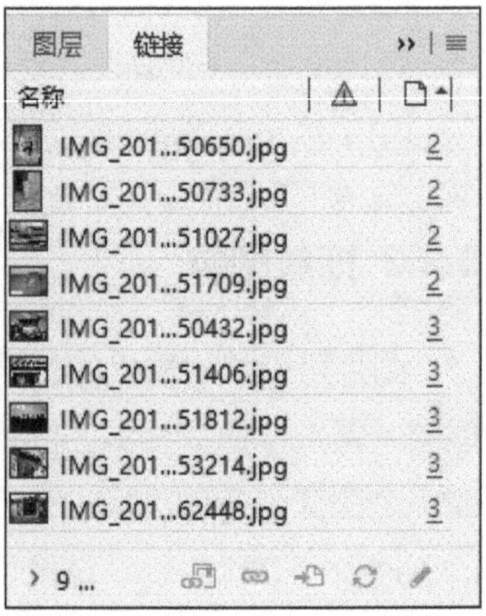

图层　链接

名称

IMG_201...50650.jpg 2
IMG_201...50733.jpg 2
IMG_201...51027.jpg 2
IMG_201...51709.jpg 2
IMG_201...50432.jpg 3
IMG_201...51406.jpg 3
IMG_201...51812.jpg 3
IMG_201...53214.jpg 3
IMG_201...62448.jpg 3

› 9 ...

图5-5

一般情况下，当链接图像在外部程序中被修改后，InDesign 2022会自动更新链接，将文档中的图像更改为修改后的图像；如果没有自动更新，在链接文件名称右边会出现红色的警告标记，如图5-6所示。此时可以在“链接”面板中选择需要更新的链接文件，然后单击“更新链接”按钮 即可完成更新，如图5-7所示。使用“编辑原稿”命令，可以在创建图像的应用程序中打开大多数图像，以便在必要时对其进行修改。存储原始文件之后，将使用新版本更新链接该文件的文档。

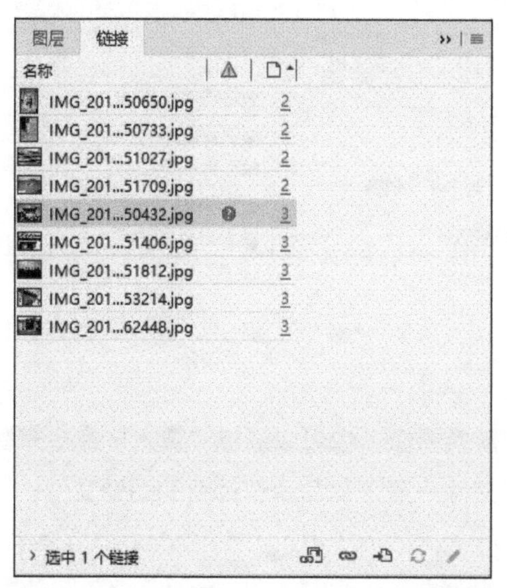


图5-6

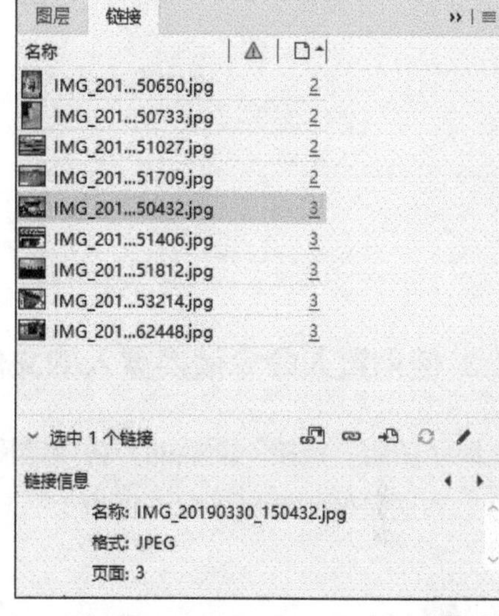


图5-7

**提示** 默认情况下，InDesign 2022 依靠操作系统来确定用于打开原始文件的应用程序。一些情况下，打开的不是想要的应用程序，例如，希望用Photoshop打开置入的位图，但系统启动的是Windows图像和传真查看器，这时用户可以执行“编辑→编辑工具”命令，指定用于打开文件的应用程序，若没有显示该应用程序，执行“编辑→编辑工具→其他”命令，浏览计算机系统并找到该应用程序，如图5-8所示。

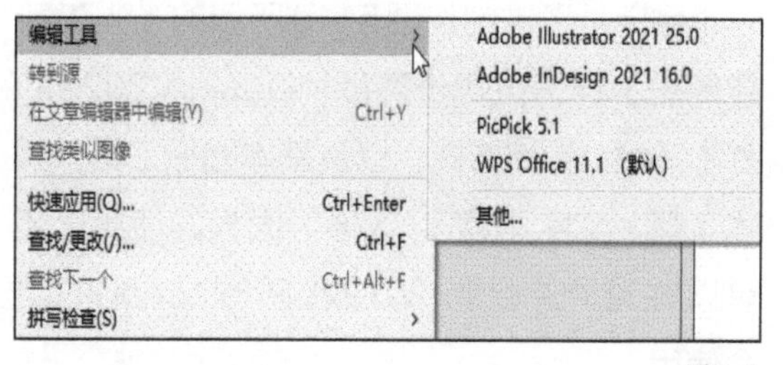


图5-8

## 5.4.2 将图像嵌入文档中

文件可以嵌入（或存储）文档中，而不是链接到已置入文档的文件上。嵌入文件时，会断开指向原始文件的链接，如果没有链接，当原始文件发生更改时，“链接”面板不会发出警告，并且将无法自动更新相应文件。

嵌入文件会增加文档文件的大小。

要嵌入链接的文件，在“链接”面板中选中文件，然后执行“链接”面板菜单中的“嵌入链接”命令即可，如图5-9所示。

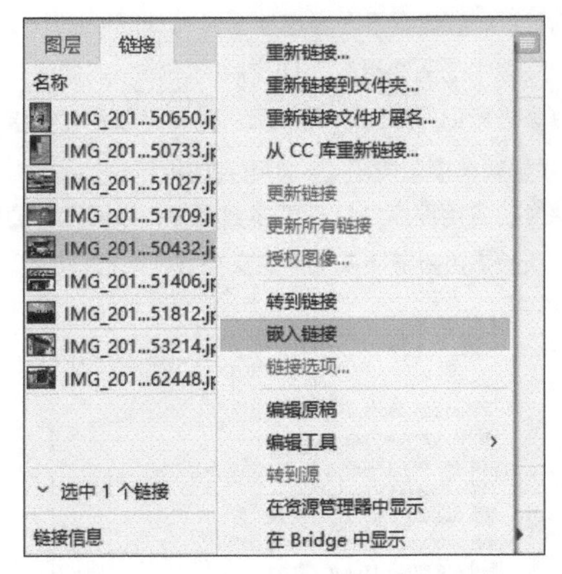


图5-9

### 5.4.3 使用置入命令替换置入的文件

除了使用“链接”面板的“替换链接”命令来替换图像，也可以通过“置入”命令来替换图像。方法是使用选择工具选择框架，然后执行“文件→置入”命令选择新的图像文件。

## 5.5 实战案例：《人工智能简史》详情页

目标：通过制作图5-10所示的《人工智能简史》详情页初步熟悉InDesign 2022的基本环境、操作方式，以及基本图形工具、直线工具、文字工具、“效果”面板的使用，还可以练习InDesign 2022和Photoshop的结合使用。

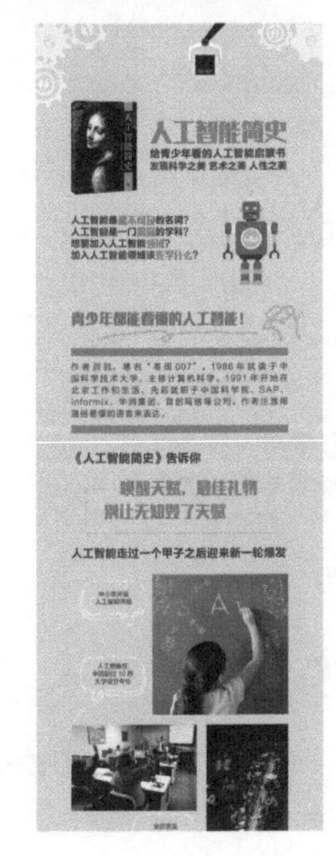

图5-10

（图5-10为一张长图截为两半）

## 操作步骤

**01** 启动InDesign 2022，新建一个文件，将其页数设置为1，尺寸设置为580毫米（宽度）× 3175毫米（高度），如图5-11所示。

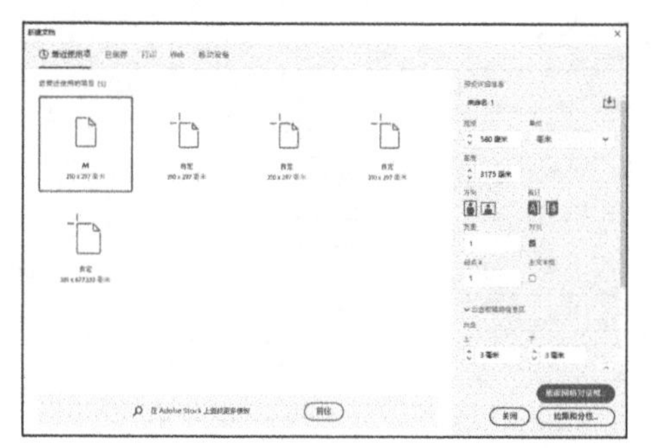

图5-11

**02** 单击“边距与分栏”按钮，在弹出的“新建边距和分栏”对话框中，将边距数值设置为0，单击“确定”按钮，如图5-12所示。

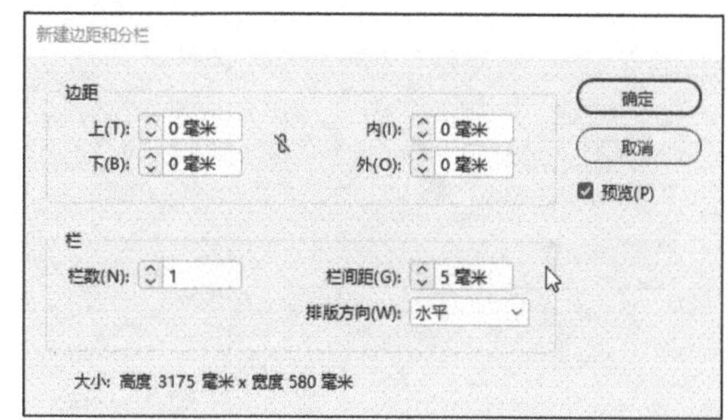


图5-12

**03** 单击“矩形工具”绘制一个与页面长度一致的矩形框，如图5-13所示。

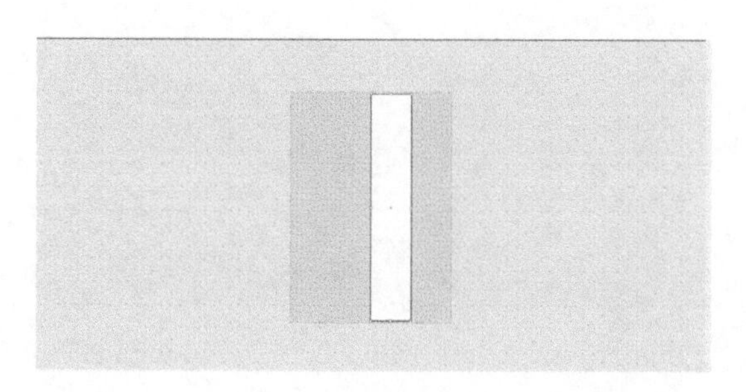

图5-13

**04** 选中矩形框，设置无描边，填充色设置为浅黄色，将其锁定，如图5-14所示。

图5-14

**05** 执行“文件→置入”命令置入“齿轮1”“齿轮2”“齿轮3”“齿轮4”“齿轮5”图片，如图5-15所示。

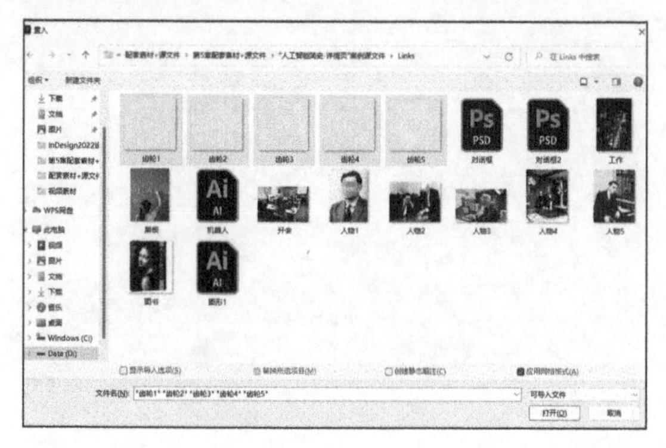

图5-15

**06** 将5张齿轮图片放置在画布的左上方和右上方并进行调整，如图5-16所示。

图5-16

**07** 执行“文件→置入”命令置入“图像1”文件，如图5-17所示。

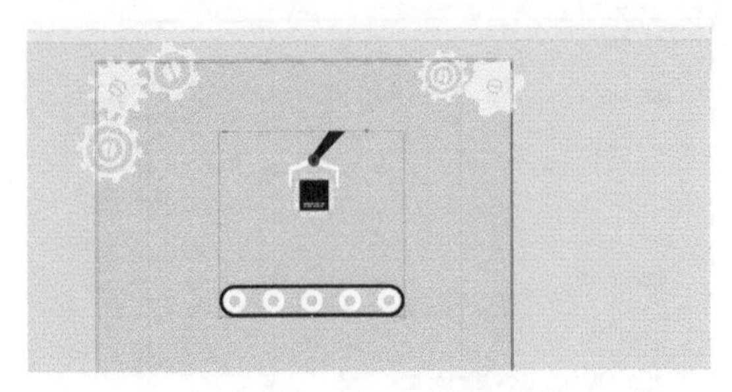

图5-17

**08** 将“图像1”放置在画布上方，如图5-18所示。

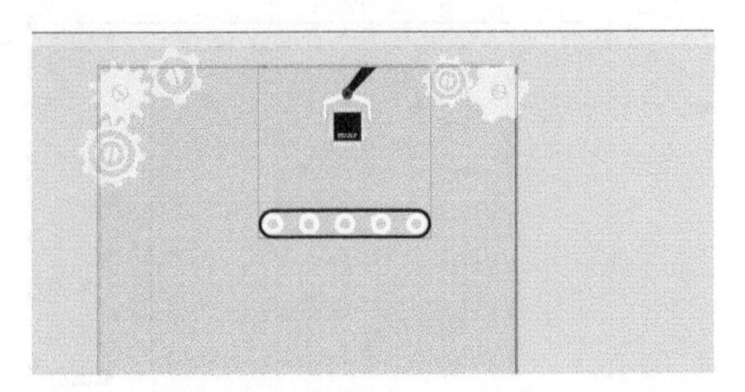

图5-18

**09** 拖动画框将多余部分隐藏，如图5-19所示。

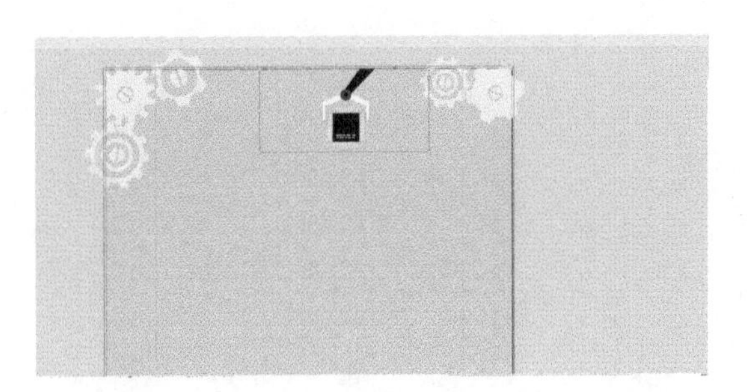

图5-19

**10** 使用文字工具绘制一个文本框，输入“人工智能简史”。将其字体设置为方正兰亭粗黑简体，字号设置为130点，颜色设置为橙黄色，如图5-20所示。

图5-20

**11** 使用文字工具绘制一个文本框，在其中输入“给青少年看的人工智能启蒙书”。将其字体设置为方正兰亭粗黑简体，字号设置为60点，颜色设置为灰棕色，并将这个文本框与“人工智能简史”文本框左右对齐，如图5-21所示。

图5-21

**12** 使用文字工具绘制一个文本框，输入“发现科学之美 艺术之美 人性之美”，如图5-22所示。

图5-22

**13** 将这个文本框与“给青少年看的人工智能启蒙书”文本框左右对齐，将字体设置为方正兰亭粗黑简体，字号设置为54点，颜色设置为灰棕色。如图5-23所示。

图5-23

**14** 执行“文件→置入”命令，置入“《人工智能简史》立体封”图片，并放置到合适的位置，如图5-24所示。

图5-24

**15** 使用文字工具绘制一个文本框，输入“人工智能是遥不可及的名词？人工智能是一门高深的学科？想要加入人工智能领域？加入人工智能领域该先学什么？”，4句话各自成行，如图5-25所示。

图5-25

**16** 先将上述文本框中的文字字体设置为方正兰亭粗黑_GBK，字号设置为54点，颜色设置为灰棕色。然后将“遥不可及”“高深”“领域”和“先学什么”的字体单独设置为锐字巅峰粗黑简1.0，颜色设置为橙黄色。设置完成后，将其摆放至图5-26中的位置。

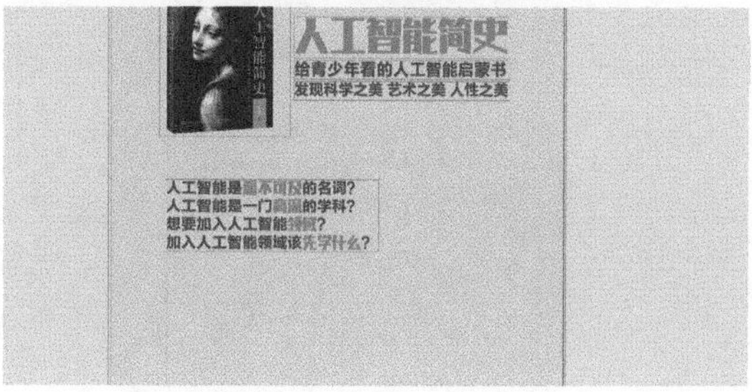

图5-26

**17** 执行“文件→置入”命令置入“机器人”文件，如图5-27所示。

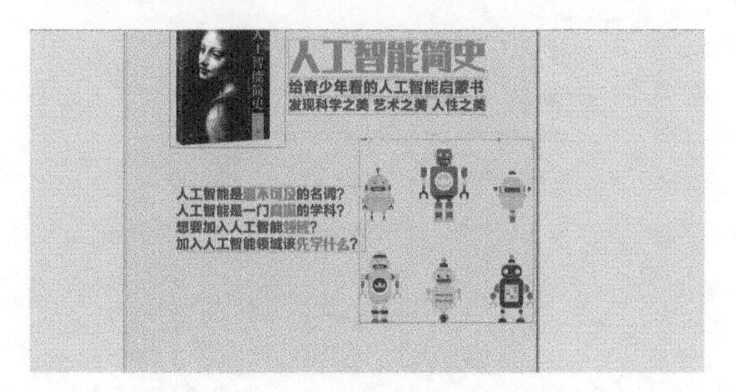


图5-27

**18** 拖动“机器人”画框将多余部分隐藏，调整好大小，并将其摆放至图5-28所示的位置。

图5-28

**19** 使用文字工具绘制一个文本框，在其中输入“青少年都能看懂的人工智能！”，将其字体设置为锐字巅峰粗黑简1.0，字号设置为80点，颜色设置为橘色，如图5-29所示。

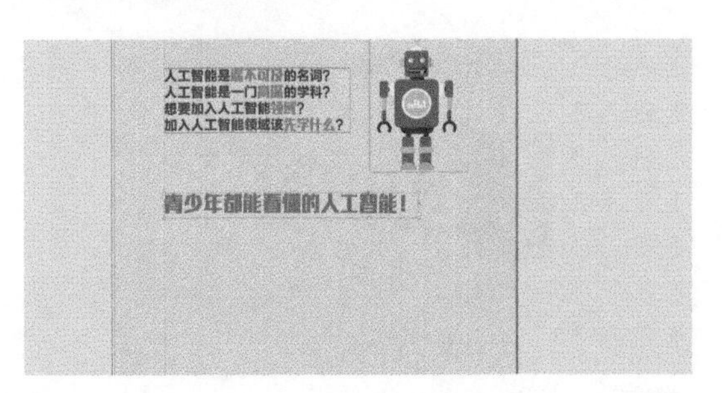


图5-29

**20** 执行“文件→置入”命令置入“绳子”文件，调整大小，将其摆放至“青少年都能看懂的人工智能！”文本框的右下方，如图5-30所示。

图5-30

**21** 使用文字工具绘制一个文本框，输入图5-31所示的文字。

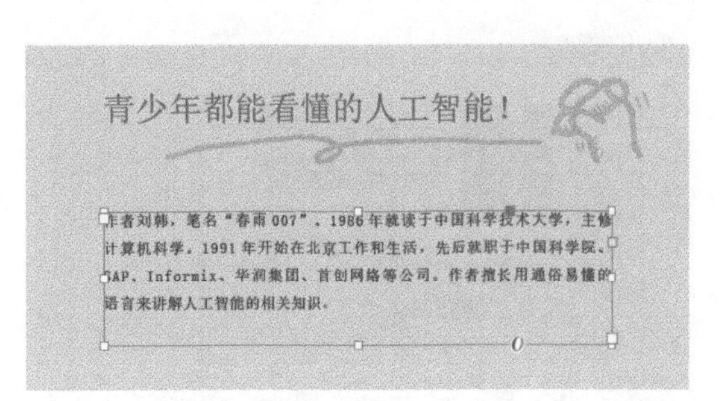


图5-31

**22** 将文本框文字的字体设置为方正兰亭黑简体，字号设置为47点，字符间距设置为100，行距设置为65，颜色设置为灰棕色。然后将“刘韩”的字体单独设置为锐字巅峰粗黑简1.0，颜色设置为橙黄色，如图5-32所示。

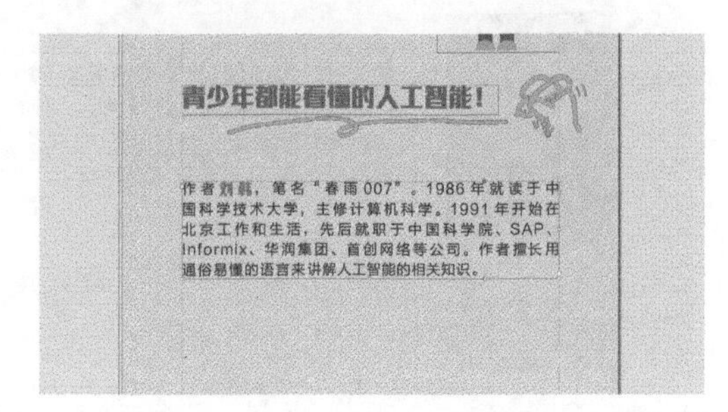


图5-32

**23** 单击“矩形工具”绘制出与上述文本框一样长的矩形框，描边选择无，填充设置为橙黄色，按住【Alt】+【Shift】组合键向下复制出一个矩形框，调整矩形框的位置，如图5-33所示。

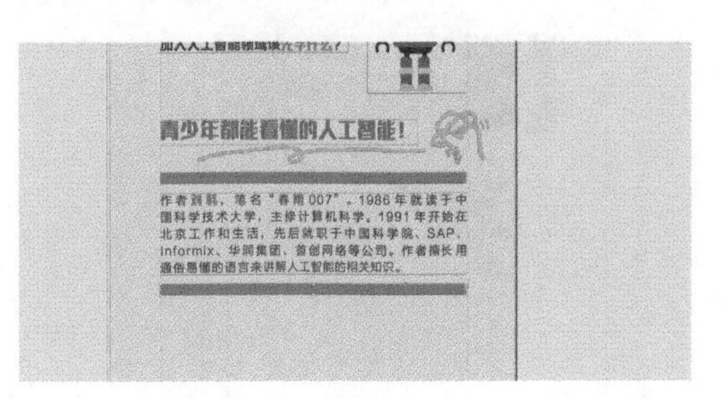


图5-33

**24** 使用文字工具绘制一个文本框，输入“《人工智能简史》告诉你”，将字体设置为方正兰亭粗黑_GBK，字号设置为68点，颜色设置为灰棕色，如图5-34所示。

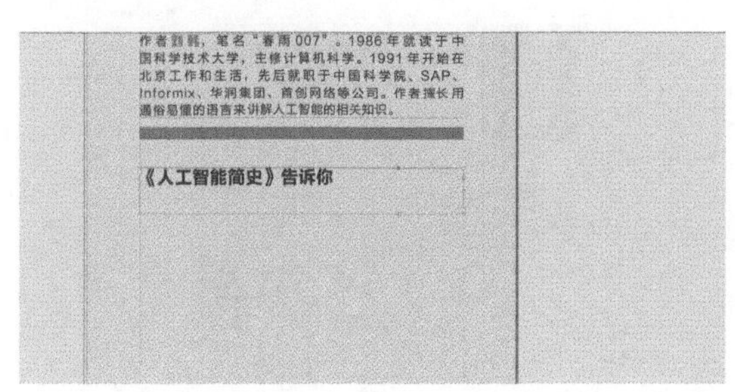


图5-34

**25** 使用文字工具绘制一个文本框，输入“唤醒天赋，最佳礼物”，将字体设置为锐字巅峰粗黑简1.0，字号设置为88点，颜色设置为橙黄色，如图5-35所示。

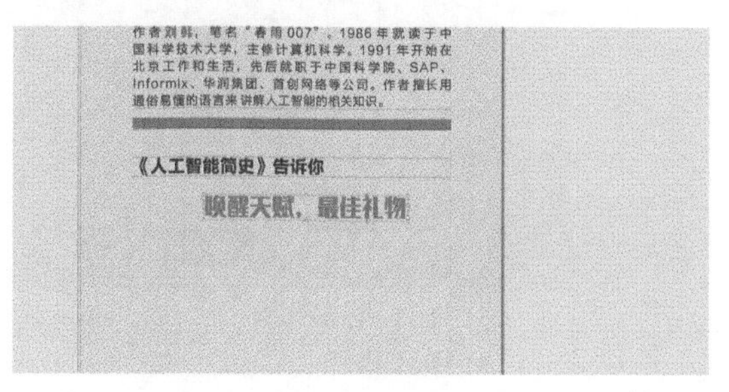


图5-35

**26** 使用文字工具绘制一个文本框，输入“别让无知毁了天赋”，如图5-36所示。

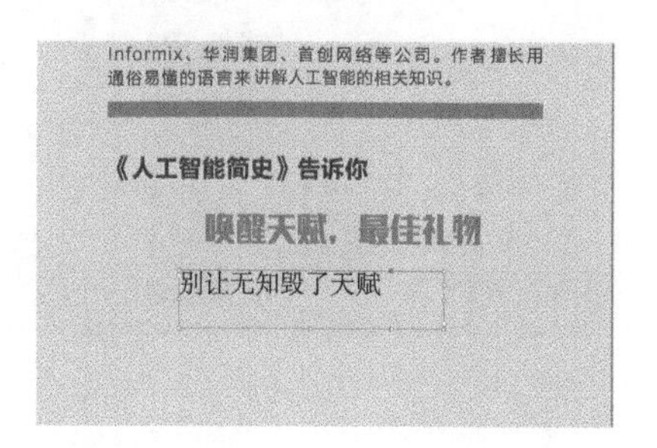


图5-36

**27** 选择吸管工具后单击“唤醒天赋，最佳礼物”，吸取其字体、格式和颜色后再单击“别让无知毁了天赋”文本框，显示效果如图5-37所示。

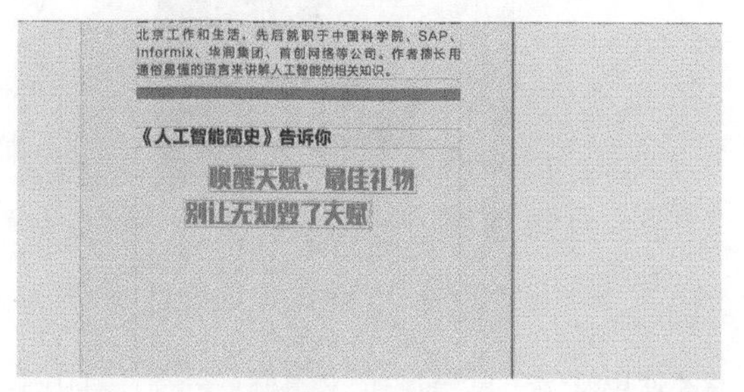


图5-37

**28** 选择直线工具，设置填充为无，描边设置为棕色，粗细设置为1，按住【Shift】键的同时拖曳鼠标指针画出一条横线，然后在第一条横线的端点上按住【Shift】键画出竖线，同理画出图5-38所示的效果。

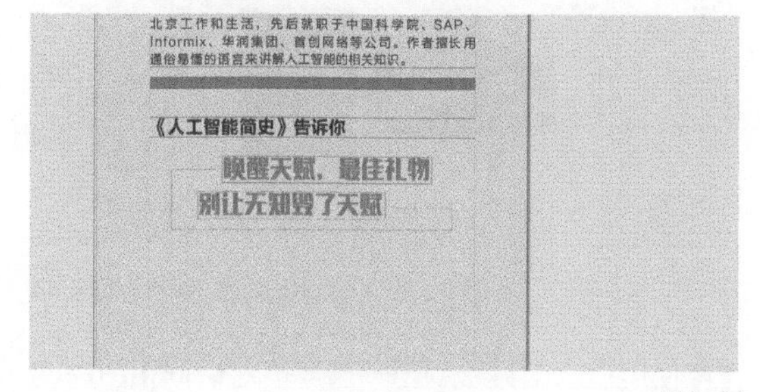


图5-38

**29** 使用文字工具绘制一个文本框，输入“人工智能走过一个甲子之后迎来新一轮爆发”，将字体设置为方正兰亭粗黑_GBK，字号设置为65，颜色设置为灰棕色，如图5-39所示。

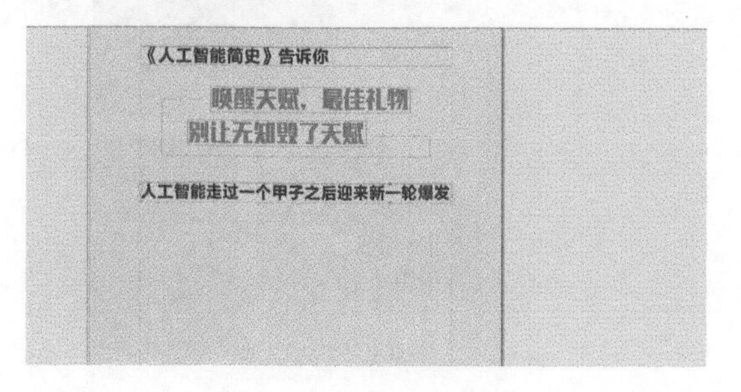


图5-39

**30** 执行“文件→置入”命令置入“黑板”“开会”“工作”图片，如图5-40所示。

图5-40

**31** 拖曳“黑板”图片的画框，使其成为正方形，并分别将“黑板”“开会”“工作”3张图片摆放至图5-41所示的位置。

图5-41

**32** 执行“文件→置入”命令置入“对话框”文件，调整大小，并放置到合适位置，如图5-42所示。

图5-42

**33** 按住【Alt】键的同时拖曳鼠标指针向下复制出两个“对话框”，并调整位置，如图5-43所示。

图5-43

**34** 选中中间的“对话框”，执行“右键→变换→水平翻转”命令，如图5-44所示。

图5-44

**35** 使用铅笔工具绘制出一条连接对话框和图片的曲线，双击“属性”面板中的描边，将描边粗细设置为7点，类型设置为虚线，同理绘制另外两个对话框的曲线，如图5-45所示。

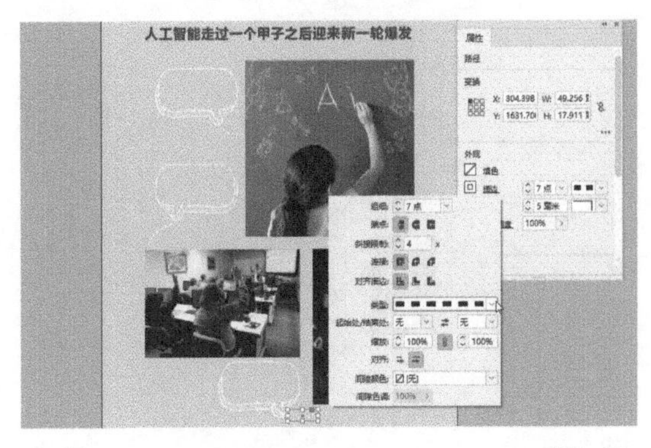


图5-45

**36** 使用文字工具绘制3个文本框，分别在其中输入“中小学开设人工智能课程”“人工智能在中国超过10所大学设立专业”“全民普及人工智能”，如图5-46所示。

图5-46

**37** 选中这3个文本框，将其字体设置为方正兰亭准黑_GBK，字号设置为35，颜色设置为灰棕色，选中上面两个文本框，将对齐方式设置为居中，如图5-47所示。

图5-47

**38** 使用文字工具绘制一个文本框，输入“对未来的好奇心只有从历史中寻找答案”，将其字体设置为方正兰亭粗黑_GBK，字号设置为61，颜色设置为灰棕色，如图5-48所示。

图5-48

**39** 使用文字工具绘制一个文本框，输入“树立榜样的力量，追随榜样的足迹”，将字体设置为锐字巅峰粗黑简1.0，字号设置为76，颜色设置为橙黄色，如图5-49所示。

图5-49

**40** 使用文字工具绘制一个文本框，在其中输入“人工智能领域的重要科学家”，将其字体设置为锐字巅峰粗黑简1.0，字号设置为95，颜色设置为橙黄色，如图5-50所示。

图5-50

**41** 选择直线工具，设置填充为无，描边设置为棕色，粗细设置为1，按住【Shift】键的同时拖曳鼠标指针画出横、竖共5条线，如图5-51所示。

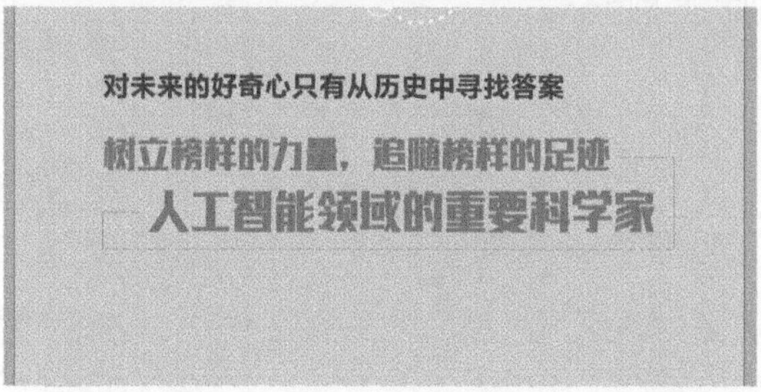

图5-51

**42** 执行“文件→置入”命令导入“人物1”“人物2”“人物3”“人物4”“人物5”图片，调整大小并放置到合适位置，如图5-52所示。

图5-52

**43** 选择“人物1”“人物2”“人物3”“人物4”“人物5”这5张图片，设置描边为白色，粗细改为25，如图5-53所示。

图5-53

**44** 选择“人物1”“人物2”“人物3”“人物4”“人物5”这5张图片，执行“对象→效果→投影”命令，在弹出的对话框中设置不透明度为33%，距离为9.22毫米，X位移为7毫米，Y位移为6毫米，大小为5毫米，如图5-54所示。

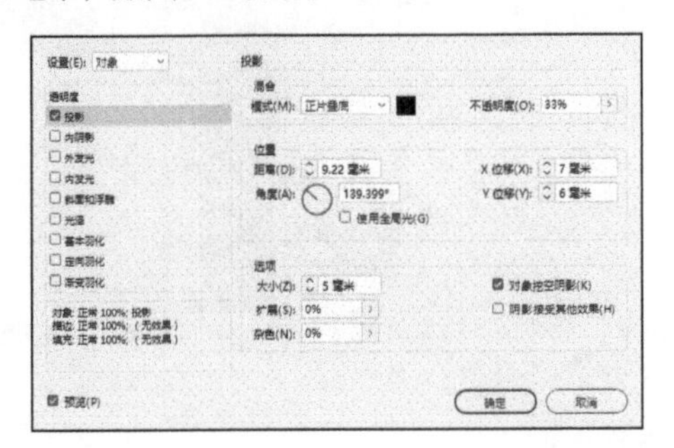


图5-54

**45** 将“人物1”“人物2”“人物3”“人物4”“人物5”这5张图片旋转至合适的位置并摆放好，如图5-55所示。

图5-55

**46** 执行“文件→置入”命令置入“机器人”文件，如图5-56所示。

图5-56

**47** 拖动“机器人”画框将多余的部分隐藏，调整大小并将其摆放至图5-57所示的位置。

图5-57

**48** 使用文字工具绘制一个文本框，输入“不能不了解的人工智能技术！”，将字体设置为锐字巅峰粗黑简1.0，字号设置为72，颜色设置为橙黄色，如图5-58所示。

图5-58

**49** 使用文字工具绘制一个文本框，输入“轻松了解热点技术的三生三世”，将字体设置为锐字巅峰粗黑简1.0，字号设置为83，对齐方式设置为居中，颜色设置为橙黄色，如图5-59所示。

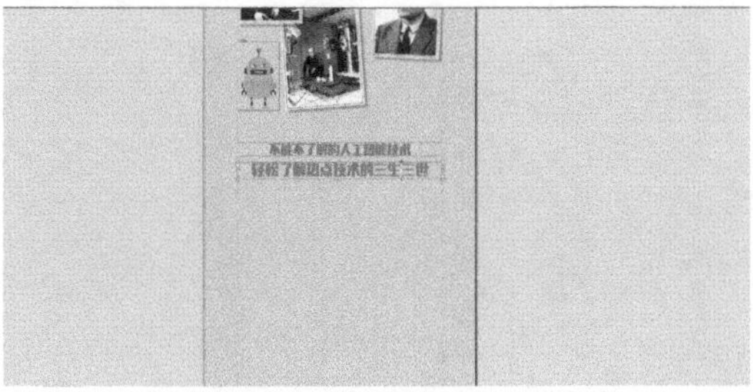

图5-59

**50** 选择直线工具，将填充设置为无，描边设置为棕色，粗细设置为1，按住【Shift】键的同时拖曳鼠标指针画出横、竖共4条线，如图5-60所示。

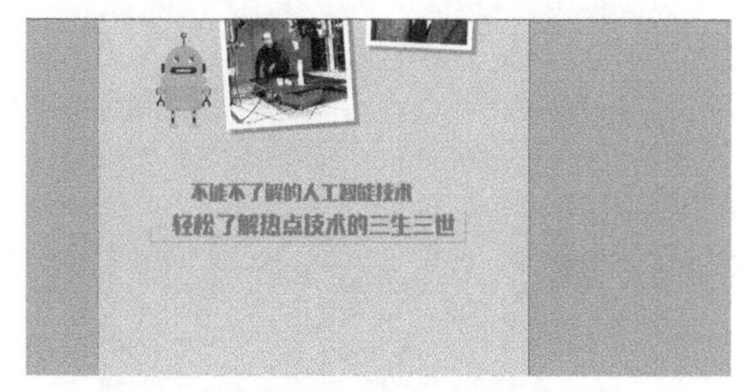


图5-60

**51** 使用文字工具绘制多个文本框，分别输入图5-61所示的文字，将字体设置为方正兰亭黑简体，字号设置为25 ~ 55不等，颜色设置为灰棕色，并摆放至合适的位置，大致效果如图5-61所示。

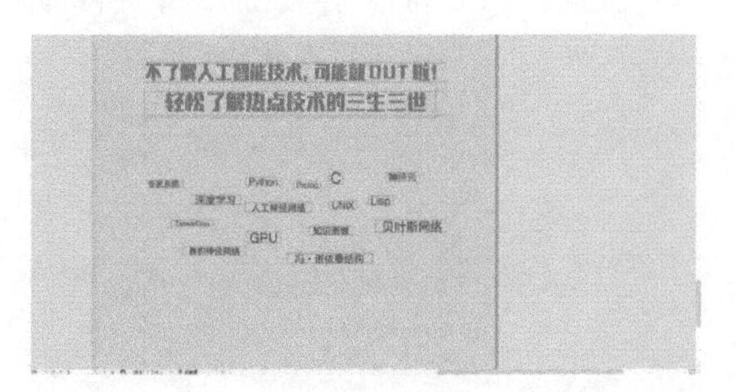


图5-61

**52** 选择直线工具，将填充设置为无，描边设置为浅黄色，粗细设置为10，线段设置为虚线，按住【Shift】键的同时拖曳鼠标标画出横、竖共10条线，如图5-62所示。

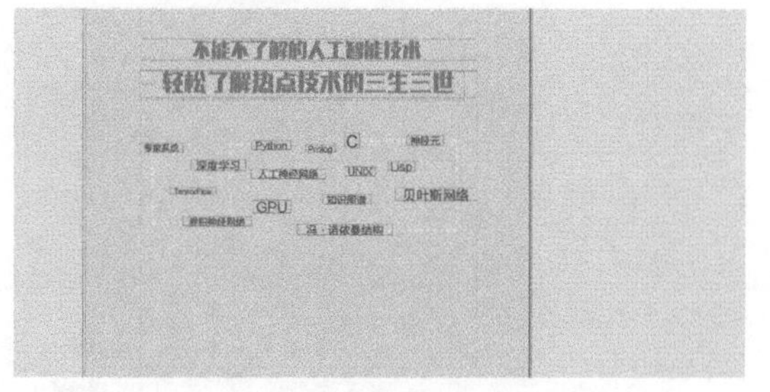


图5-62

**53** 执行“文件→置入”命令置入“对话框2”文件，如图5-63所示。

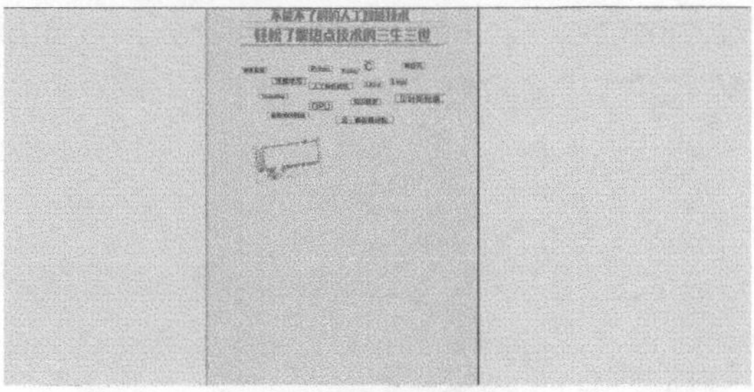

图5-63

**54** 执行“文件→置入”命令置入“机器人”文件，如图5-64所示。

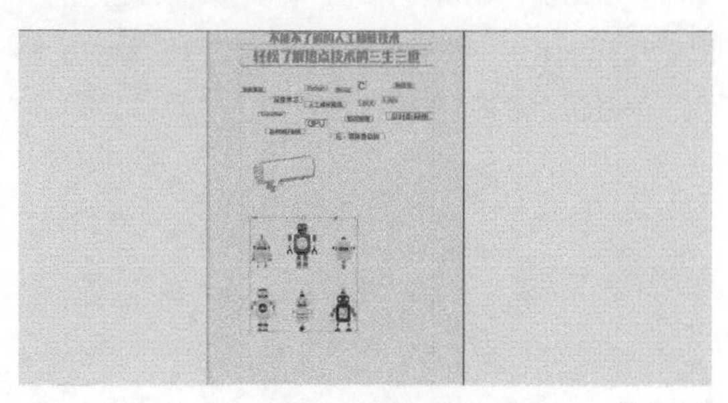

图5-64

**55** 拖曳“机器人”画框将多余的部分隐藏，调整大小并将其摆放至图5-65所示的位置。

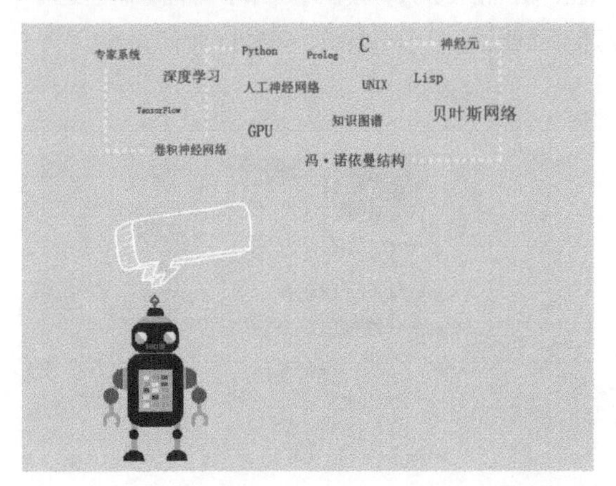


图5-65

**56** 使用文字工具绘制一个文本框，输入“内容简介”，将字体设置为锐字巅峰粗黑简1.0，字号设置为72，旋转角度为8°，颜色设置为橙黄色，如图5-66所示。

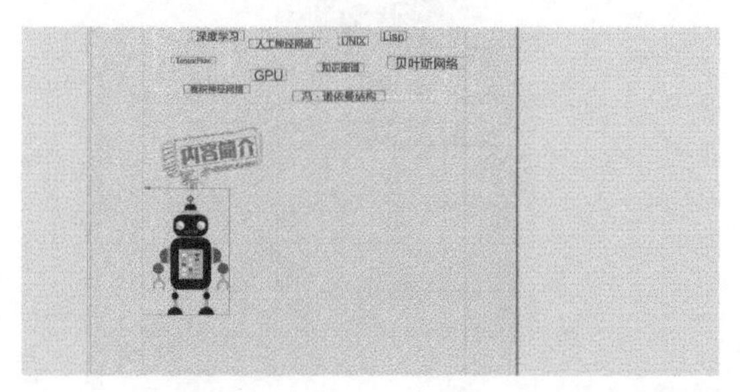


图5-66

**57** 使用文字工具绘制一个文本框，输入图5-67所示的文字，将字体设置为方正兰亭黑简体，字号设置为44，行间距设置为61，颜色设置为灰棕色。

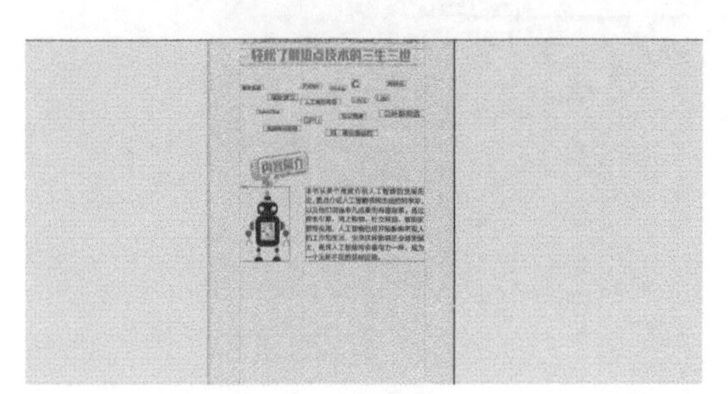

图5-67

**58** 使用文字工具绘制一个文本框，输入“未来是人工智能的时代不要输在起跑线”，将字体设置为锐字巅峰粗黑简1.0，颜色设置为橙黄色。“未来是人工智能的时代”为一行，字号设置为79；“不要输在起跑线”为另一行，字号设置为85，字符间距设置为390，设置居中对齐，如图5-68所示。

图5-68

**59** 使用文字工具绘制一个文本框，在其中输入“下一次革命，期待有你”，将其字体设置为锐字巅峰粗黑简1.0，字号设置为79，颜色设置为灰棕色，设置居中对齐，如图5-69所示。

图5-69

**60** 单击“矩形工具”绘制出与“未来是人工智能的时代”一样长的矩形框，描边设置为无，填充设置为橙黄色，按住【Alt】键向下复制出一个矩形框，摆放到合适位置，如图5-70所示。

图5-70

**61** 本实战案例的最终效果如图5-71所示。

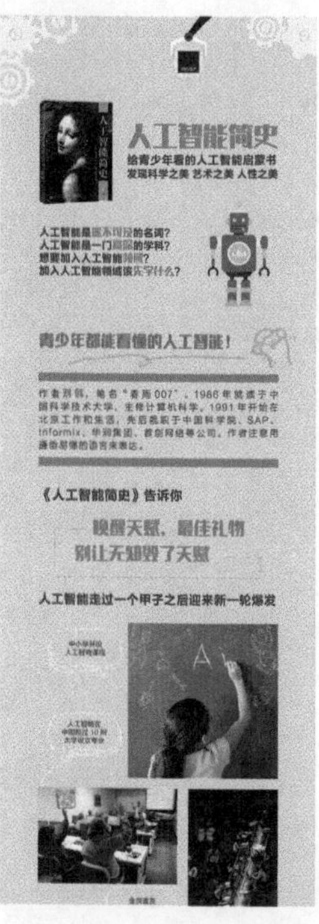

图5-71

（图5-71为一张长图截为两半）

打开“每日设计”App，搜索关键词SP090501，即可观看“实战案例：《人工智能简史》详情页”的讲解视频。

# 第 6 章
# 主页和页面的设定

字符样式和段落样式、主页和页面的设定，都是InDesign 2022中非常重要的功能。在第5章中已经讲解了字符样式和段落样式的相关知识，这一章将详细讲解页面面板和主页使用的相关知识。

本章核心知识点：

- 页面和跨页
- 主页

# 6.1 页面和跨页

## 6.1.1 页面和跨页

执行“窗口→页面”命令可打开“页面”面板。“页面”面板提供关于页面、跨页和主页的相关信息，并且可以对它们进行控制。默认情况下，“页面”面板显示每个页面内容的缩览图，如图6-1所示。

在“页面”面板中，确定目标页面或跨页并选中它的3种方式是：双击图标或位于图标下的页码；选择某一页面，单击其图标；选择某一跨页，单击位于跨页图标下的页码。

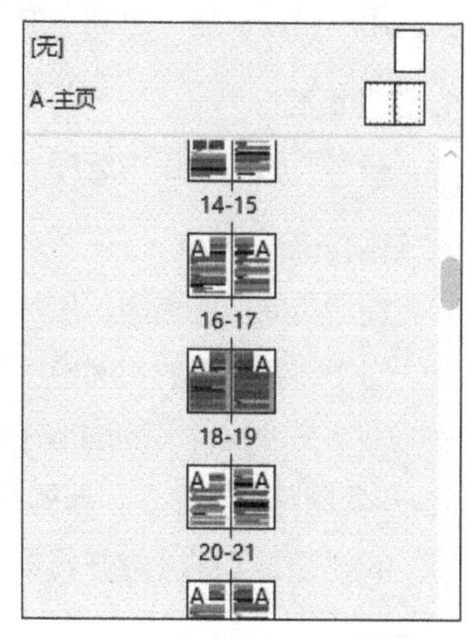


图6-1

## 6.1.2 向文档中添加新页面

要将新的页面添加到活动页面或跨页后，可单击“页面”面板中的“新建页面”按钮⊞，如图6-2所示。新创建的页面将与现有的活动页面使用相同的主页。

若要添加页面并指定文档主页，可在“页面”面板右上角的菜单中执行“插入页面”命令，如图6-3所示。弹出“插入页面"对话框后，在其中输入要添加页面的页数，选择插入位置，并选择要应用的主页，如图6-4所示。

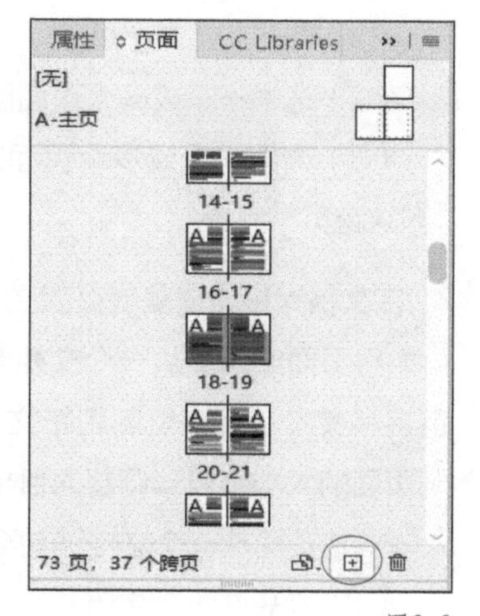


图6-2

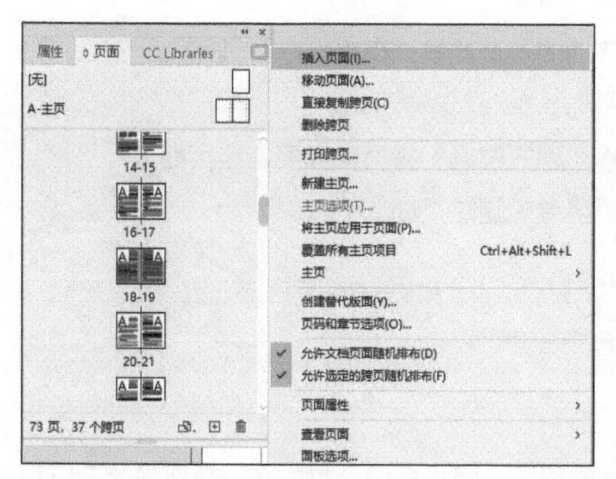


图6-3

图6-4

### 6.1.3 移动、复制和删除页面与跨页

用户可以使用“页面”面板自由地对页面和跨页进行排列、复制和重组。

#### 1. 移动页面

在“页面”面板中选择一个或多个页面，然后使用鼠标拖曳它们到新的位置即可。

#### 2. 复制页面或跨页

在“页面”面板中，执行以下操作之一即可复制页面或跨页。

（1）将跨页下的页面范围号码拖曳到“新建页面”按钮，新的跨页将显示在文档的末尾。

（2）选中一个页面或跨页，然后在“页面”面板的菜单中执行“直接复制页面”命令或“直接复制跨页”命令，新的页面或跨页将显示在文档的末尾。

（3）按住【Alt】键并将页面图标或位于跨页下的页面范围号码拖曳到新位置。

#### 3. 删除页面或跨页

在“页面”面板中，执行以下操作之一即可删除页面或跨页。

（1）将一个或多个页面图标或页面范围号码拖曳到“删除”按钮。

（2）选中一个或多个页面图标，然后单击“删除”按钮。

（3）选中一个或多个页面图标，然后在“页面”面板的菜单中执行“删除页面”命令或“删除跨页”命令。

#### 4. 在文档间移动或复制页面

将页面或跨页从一个文档复制到另一个文档时，该页面或跨页上的所有项目（包括图像、链接和文本）都将复制到新文档中。如果需要复制页面的文档与目标文档的大小不同，所复制页面的大小将自动调整为目标文档的尺寸。

要将页面从一个文档移动至另一个文档可通过执行以下操作实现。

（1）打开这两个文档。

（2）执行“页面”面板菜单中的“移动页面”命令。

（3）弹出“移动页面”对话框后，指定要移动的一个或多个页面。

（4）从“移至”下拉列表中选中目标文档名称。

（5）在“目标”下拉列表中选中要将页面移动到的位置，并根据需要指定页面。

（6）如果要从源文档中删除页面，则勾选“移动后删除页面”选项。

**提示** 在文档之间复制页面时，将自动复制它们的关联主页。如果新文档的主页与复制页面所应用的主页同名，则新文档的主页将应用于复制的页面。

#### 5. 创建多页跨页

默认情况下，InDesign 2022提供2个页面的跨页，而根据设计需求有时需要设计三折页或多折页，此时需要创建多页跨页。

在“页面”面板中选定跨页缩览图，然后在“页面”面板的菜单中取消执行“允许选定的跨页随机排布”命令。此时，在“页面”面板中将需要加入的页面拖曳到刚才选定的页面缩览图的左侧或右侧，它们将合并到一起成为多页跨页，如图6-5所示。

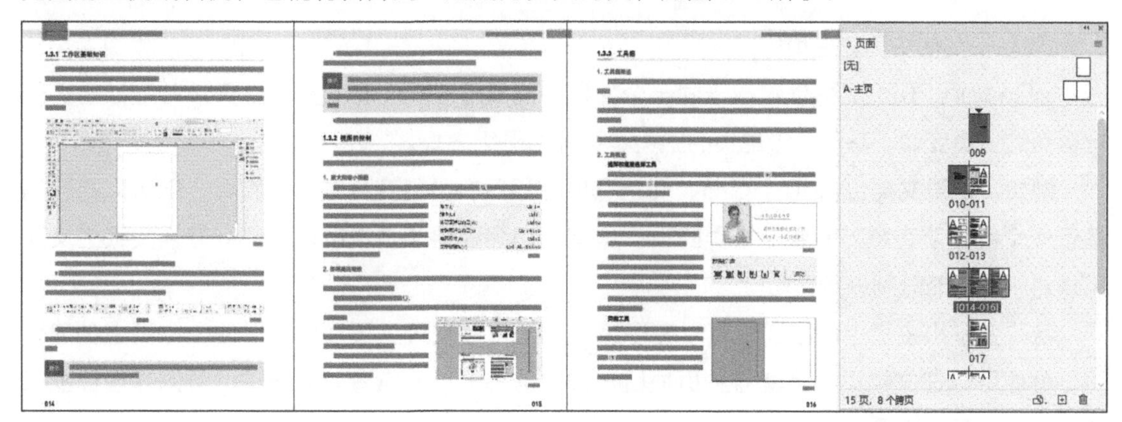


图6-5

# 6.2 主页

主页类似于一个可以快速应用到多个页面的背景，主页上的对象将显示在应用该主页的所有页面上。主页通常包含重复的徽标、页码、页眉和页脚，对主页进行的更改将自动应用到关联的页面。

## 6.2.1 创建主页

默认情况下，创建的任何文档都具有一个主页，可以从零开始创建一个新的主页，也可以利用现有主页或文档页面进行创建。

将主页应用于其他页面后，对源主页所做的任何更改，都会自动反映到应用该源主页的文档页面中。如果做好规划，这种方式将为用户提供极大的便利。

### 1. 从零开始创建主页

在“页面”面板的菜单中执行“新建主页”命令，会弹出图6-6所示的对话框，在其中设置主页的名称，单击“确定”按钮即可创建一个新主页。

在“基于主页”下拉列表中可选择一个已有页面作为此主页的基础页面，也可选择“无”选项，重新编辑一个页面作为主页。

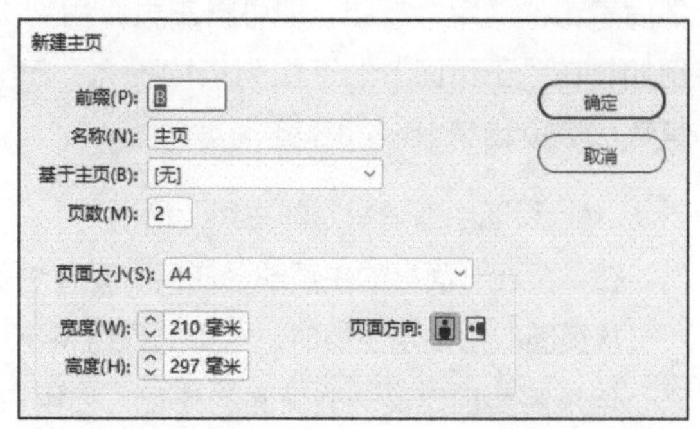


图6-6

**2. 从现有页面或跨页创建主页**

在“页面”面板中选择某一跨页，然后从“页面”面板的菜单中执行“存储为主页”命令，原页面或跨页上的任何对象都将成为新主页的一部分。

**3. 创建基于其他主页的主页**

InDesign 2022支持创建基于同一个文档中的其他主页（称为父级主页）并随该主页进行更新的主页变体。基于父级主页的主页跨页称为子级主页。

例如，如果文档包含10个章节，而且它们使用只有少量变化的主页跨页，则可以将它们基于一个包含所有章节对象的主页跨页。这样，如果要更改基本设计，只需编辑父级主页而无须对所有章节分别进行编辑。

若改变子级主页上的格式，可以在子级主页上覆盖父级主页项目，以便在主页上创建变化，就像可以在文档页面上覆盖主页项目一样。这是一种非常有效的方法，可以在设计上保持一致且不断变化更新。

**4. 编辑主页**

用户可以随时编辑主页，所做的更改会自动反映到应用该主页的所有页面。

例如，添加到主页的任何文本或图像都将出现在应用此主页的文档页面上。

在“页面”面板中，使用鼠标右键单击主页跨页，执行快捷菜单中的“A-主页的主页选项”命令，即可在弹出的对话框中重新修改当前主页的前缀、名称、基于主页等参数。

### 6.2.2 应用主页

**1. 将主页应用于文档页面或跨页**

要将主页应用于某个页面或跨页，在“页面”面板中将主页图标拖曳到页面图标上即可。

**2. 将主页应用于多个页面**

执行“页面”面板菜单中的“将主页应用于页面”命令，弹出“应用主页”对话框，在“应用主页”下拉列表中选择一个主页，并确保“于页面”选项中的页面范围是所需的页面，然后单击“确定”按钮，即可将主页应用到页面中。用户可以一次将主页应用于多个页面，例如，在“于页面”的下拉列表中键入“5, 7-9, 15-16”，便将同一个主页应用于第5、第7 ~ 9页和第15 ~ 16页。

**3. 从文档页面中取消指定的主页**

在“页面”面板的主页部分应用“无”主页即可。

从页面取消指定主页时，主页的项目将不再应用于该页面。如果主页包含所需的大部分元素，但是需要自定义一些页面的外观，那用户可以在这些文档页面上覆盖主页项目或者对它们进行编辑或修改，而无须取消指定主页。

### 6.2.3 复制主页

用户可以在同一文档内复制主页，也可以将主页从一个文档复制到另一个文档，以作为新主页的基础。

#### 1. 在文档内复制主页

（1）在“页面”面板中，将主页跨页的页面名称拖曳到面板底部的“新建页面”按钮。

（2）选择主页跨页的页面名称，并从“主页”面板的菜单中执行“复制主页跨页[跨页名称]”命令。

（3）当复制主页时，被复制主页的页面前缀将变为字母表中的下一个字母。

#### 2. 将主页复制或移动到另一个文档

（1）打开要在其中添加主页的文档和包含要复制的主页的文档。

（2）打开包含要复制的主页的文档（源文档）的“页面”面板。

（3）选中要移动或复制的主页，执行“右键菜单→移动主页”命令，弹出“移动主页”对话框，从“移至”下拉列表中选择目标文档名称。如果要从源文档中删除一个或多个页面，在“移动主页”对话框中勾选“移动后删除页面”，然后单击“确定”按钮即可。

### 6.2.4 从文档中删除主页

在“页面”面板中，选中一个或多个要删除的主页，也可以在“页面”面板的菜单中执行“选择未使用的主页”命令选择所有未使用的主页，执行以下操作之一即可删除选择的主页。

（1）将选定的主页或跨页拖曳到面板底部的“删除”按钮处。

（2）单击面板底部的“删除”按钮。

（3）选择面板菜单中的“删除主页跨页[跨页名称]”命令。删除主页时，“无”主页将替代已删除的主页应用在文档页面。

### 6.2.5 分离主页项目

将主页应用于文档页面时，主页上的所有对象（称为主页项目）都将显示在应用该主页的文档页面上。有时，需要让某个特定的页面与主页略微不同，此时，无须在该页面上重新创建主页或者创建新的主页，可以通过分离主页项目（如线条、文字、图形、图像等）来实现，这样文档页面上的其他主页项目将继续随主页更新。

要将单个主页项目从其主页中分离，可以在按住【Ctrl】+【Shift】组合键的同时单击文档页面上需要分离的对象，然后在“页面”面板的菜单中执行“分离来自主页的选区”命令即可。

要分离跨页上所有被覆盖的主页项目，则选中跨页，然后执行“页面”面板菜单中的“主页-分离来自主页的选区”命令即可。

### 6.2.6 从其他文档中导入主页

InDesign 2022 可以从其他文档中将主页导入现用文档中。在“页面”面板的菜单中执行“主页→载入主页”命令，选择包含要导入主页的 InDesign文档，单击“打开”按钮即可。目标文档中所包含的主页的名称与源文档中的任何主页的名称不同时，目标文档中的页面将保持不变；反之，有名称相同时，可选择替换主页或重命名主页。

### 6.2.7 编排页码和章节

#### 1. 添加基本页码

用户可以向页面添加一个当前页码标志符，以指定页码在页面上的显示位置和显示方式。由于页码标志符是自动更新的，因此，即使在添加、移去或重排文档中的页面时，文档所显示的页码始终是正确的。用户可以按处理文本的方式来设置页码标志符的格式和样式。

#### 2. 为主页添加页码标志符

页码标志符通常会添加到主页。将主页应用于文档页面后，InDesign 2022将自动更新页码（类似于页眉和页脚）。无论是在文档页面还是在主页中，使用文字工具创建一个文本框，然后按【Ctrl】+【Shift】+【Alt】+【N】快捷键即可为当前的页面添加页码。在正文页面中显示为默认的阿拉伯数字页码，而在“主页”面板中显示为默认的大写字母A，如图6-7所示。

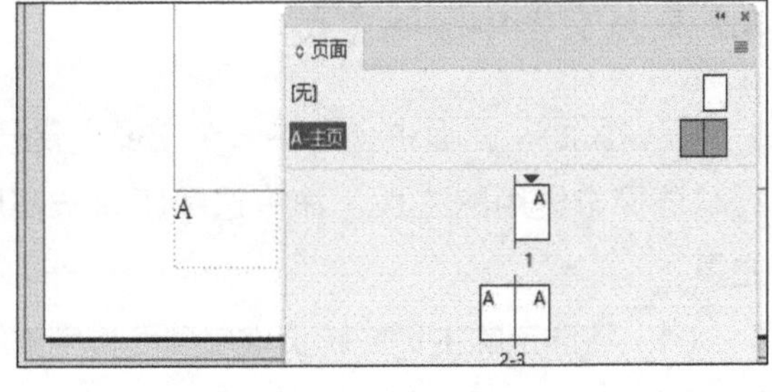


图6-7

#### 3. 更改页码样式

默认情况下，InDesign 2022是使用阿拉伯数字作为页码。但是，如果在“页面”面板的菜单中执行“页码和章节选项”命令，则可以指定页码的样式，如罗马数字、阿拉伯数字、汉字等。该“样式”选项允许选择页码中的数字位数，例如 001 或 0001。使用不同页码样式的文档中的每个部分称为章节，如图6-8所示。

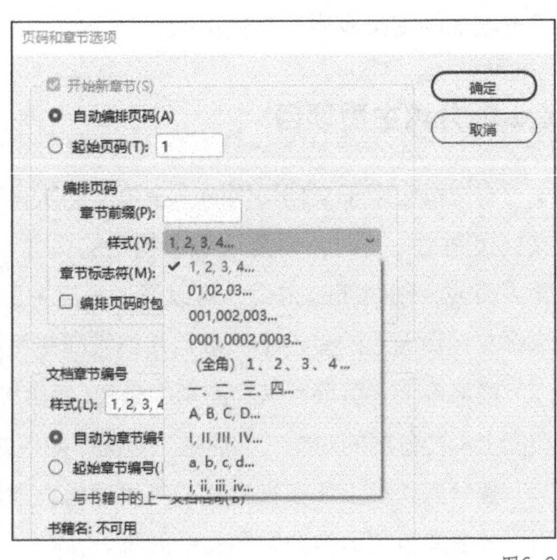


图6-8

“页码和章节选项”对话框可以将页码样式更改为不同的格式，还可以重新编排页码或使用指定的数字作为起始页码。

# 6.3 实战案例：书籍排版

目标：通过操作书籍排版，初步熟悉InDesign 2022的基本环境、操作方式，以及主页、参考线的使用，还可以练习InDesign 2022和Photoshop的结合使用。

## 操作步骤

**01** 启动InDesign 2022，新建一个文件，将页数设置为6页，勾选“对页”选项，将尺寸设置为210毫米（宽度）×225毫米（高度），如图6-9所示。

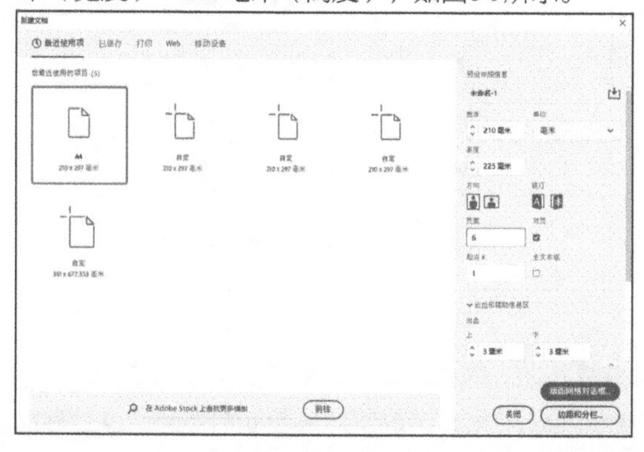

图6-9

**02** 单击“边距和分栏”按钮，在弹出的“新建边距和分栏”对话框中设置边距和分栏，单击“确定”按钮，如图6-10所示。

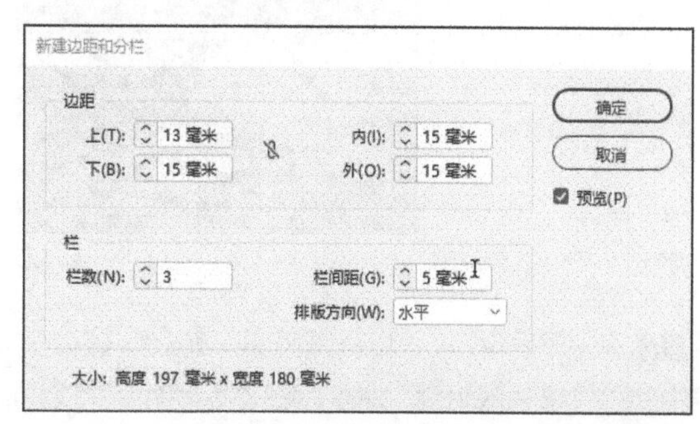


图6-10

**03** 打开新建的空白页面，如图6-11所示。

图6-11

**04** 按【Ctrl】+【D】快捷键，在页面1中置入“背景图”，如图6-12所示。

图6-12

**05** 在页面1右下方用矩形工具绘制一个矩形框并填充成黑色，在黑色矩形左边创建一个小的矩形框并填充成蓝色，如图6-13所示。

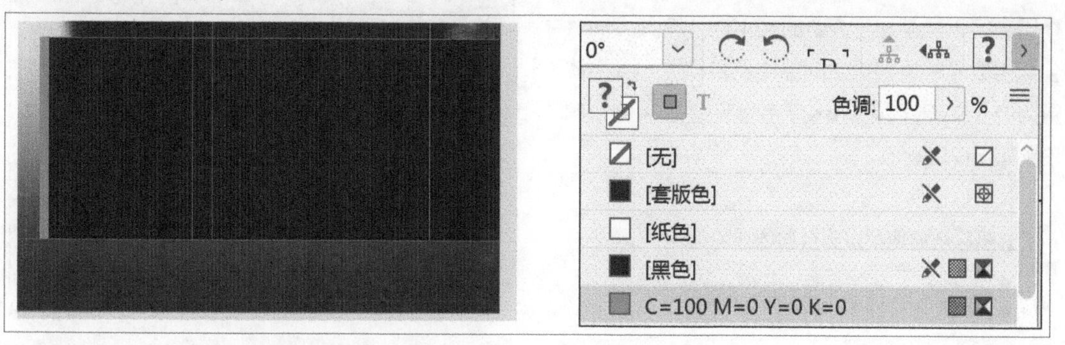


图6-13

**06** 在黑色矩形中用文字工具创建两个文字框，上面的文字框输入“第1章”，将字体设置为方正兰亭粗黑_GBK，字号设置为30点；下面的文字框输入“Lightroom入门”，将其字体设置为方正兰亭中黑_GBK，字号设置为24点，文字颜色的设置如图6-14所示。

图6-14

**08** 选中蓝色矩形，单击鼠标右键，执行快捷菜单中的“效果→透明度”命令，将“不透明度”改为40%。选中绿色矩形，将“不透明度”改为30%，如图6-16所示。

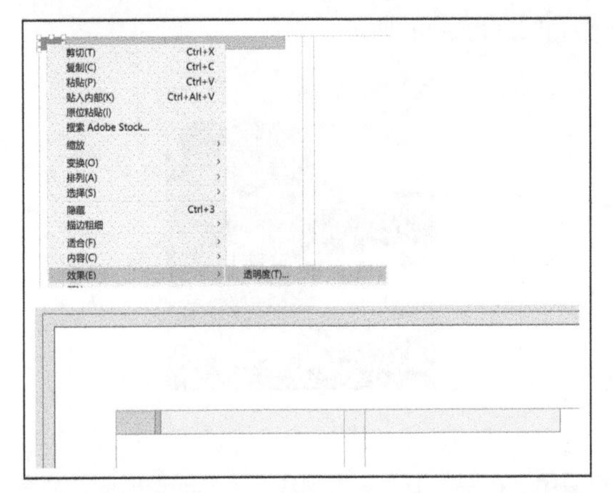

图6-16

**10** 用文字工具创建一个新的文本框，输入“1.1.1 学会识别数码单反相机上的部件及名称”，将字体设置为方正兰亭中黑_GBK，字号设置为14点，颜色设置如图6-18所示。

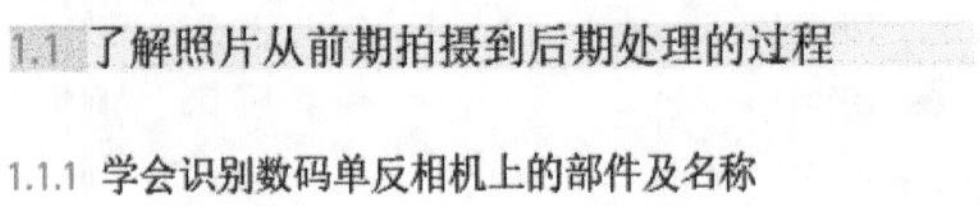

1.1 了解照片从前期拍摄到后期处理的过程

1.1.1 学会识别数码单反相机上的部件及名称

图6-18

**07** 在页面2左上方用矩形工具创建两个矩形框，使其中间略有重合，分别填充为蓝色和绿色，如图6-15所示。

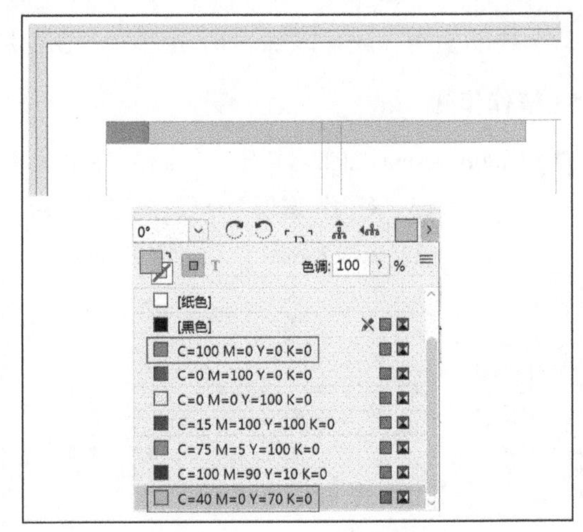


图6-15

**09** 在蓝、绿两个矩形上用文字工具创建一个文本框，输入“1.1 了解照片从前期拍摄到后期处理的过程”，设置字体为方正兰亭粗黑_GBK，字号为16点，如图6-17所示。

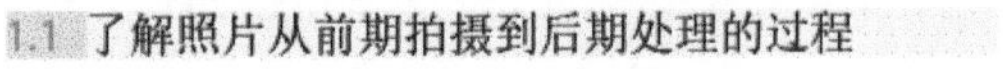

1.1 了解照片从前期拍摄到后期处理的过程

图6-17

**11** 将文章主体内容粘贴进相应位置，将主题文字的字体设置为方正细等线简体，字号设置为9点，行距设置为15点，如图6-19所示。

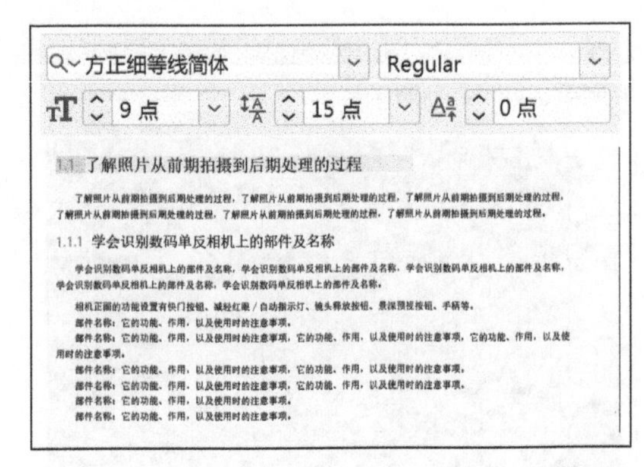


图6-19

**12** 按【Ctrl】+【D】快捷键，在文字下方置入相机图片，如图6-20所示。

图6-20

**13** 用钢笔工具绘制一条折线，用直线工具绘制几条直线，将相机的各个部位标注出来，将线条的粗细设置为0.5点，颜色设置为红色，如图6-21所示。

图6-21

**14** 用文字工具绘制几个文本框，输入相机各部分的对应名称，将字体设置为方正楷体简体，字号设置为7点，行距设置为11点，颜色设置为黑色，如图6-22所示。

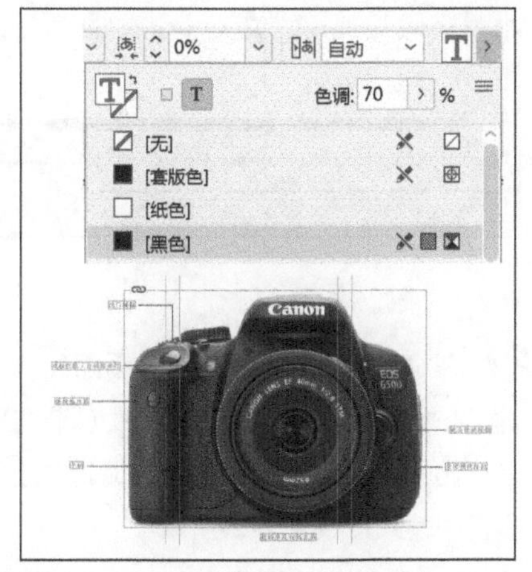


图6-22

**15** 将剩余文字和图片分别置入页面的相应位置，调整位置，如图6-23所示。

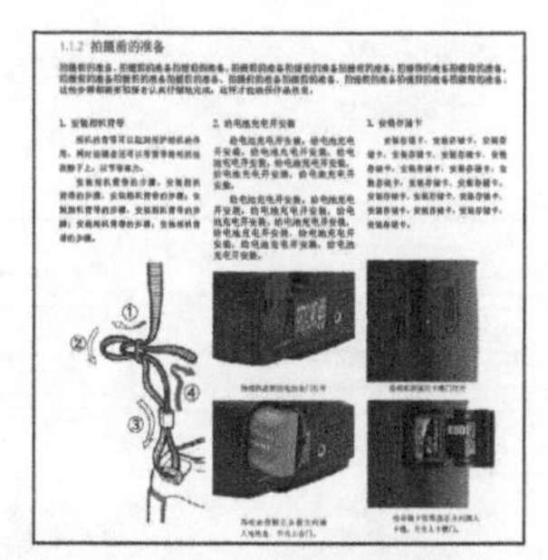

图6-23

**16** 用椭圆工具在第1.1.2节的图片上绘制几个椭圆框架，与文字内容相对应，并设置它们的描边粗细为1.4点，颜色为红色，如图6-24所示。

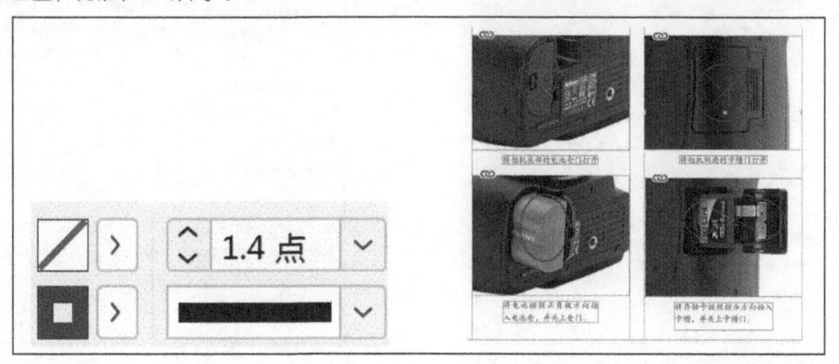


图6-24

**17** 点开页面，双击进入“A-主页”，在“A-主页”左页和右页分别输入页眉，设置文字字体为方正兰亭细黑_GBK，字号为8点。使用矩形工具分别在两个页面画出两个矩形，调整大小和位置，颜色设置如图6-25所示。

Lightroom
数码摄影后期处理专业技法案例
第 1 章 Lightroom 入门

图6-25

**18** 选中“A-主页”后单击鼠标右键，执行快捷菜单中的“将主页应用于页面”，将“A-主页”应用于1 ~ 6页，如图6-26所示。

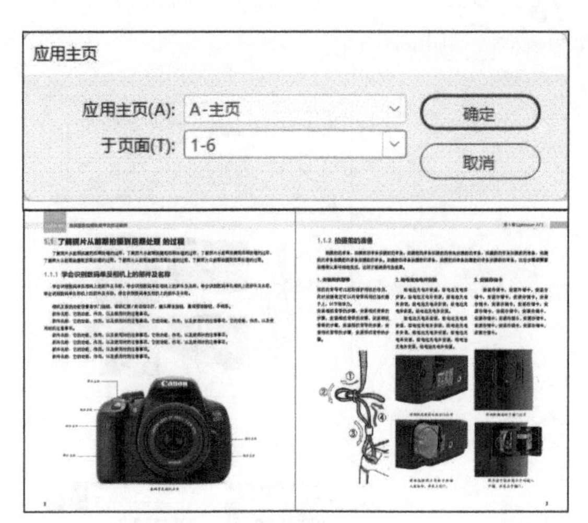

应用主页
应用主页(A): A-主页
于页面(T): 1-6
确定
取消

图6-26

**19** 设置页码，在“A-主页”的左页下方创建一个文本框，按【Ctrl】+【Alt】+【Shift】+【N】快捷键插入主页页码，在主页中页码以字母A表示，如图6-27所示。

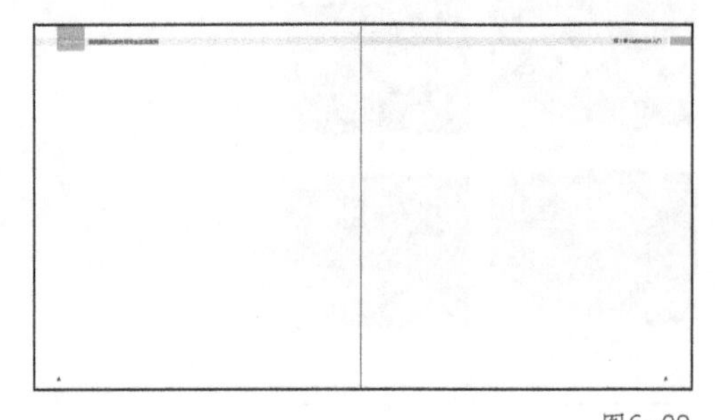

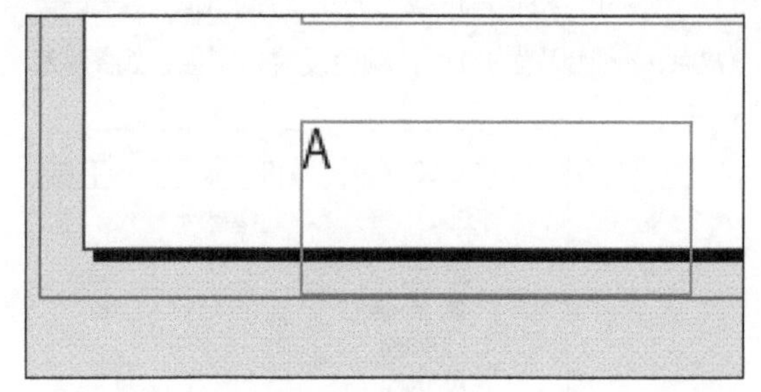

A

图6-27

**20** 将设置好的页码复制到右页，并调整到合适的位置，如图6-28所示。此时观察正文页面，所有的页面下方都出现了阿拉伯数字的页码，并且页码是自动排序的。

图6-28

**21** 在“页面”面板中选中页面3，单击鼠标右键，执行快捷菜单中的“页码和章节选项”命令，在弹出的对话框中选择“起始页码”选项，在其文本框中输入1，如图6-29所示。

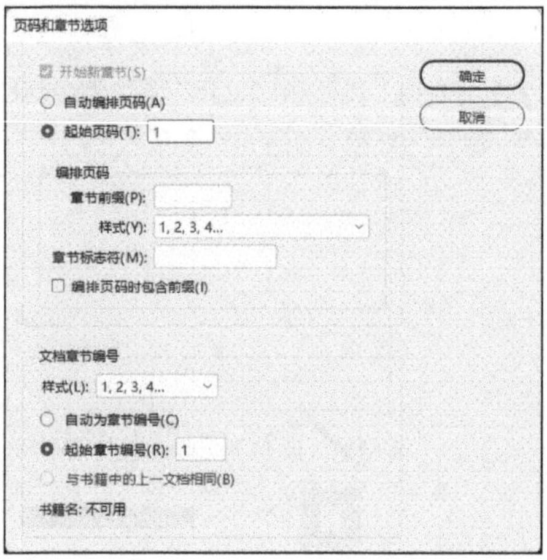

页码和章节选项
开始新章节(S)
确定
取消
自动编排页码(A)
起始页码(T): 1
编排页码
章节前缀(P):
样式(Y): 1, 2, 3, 4...
章节标志符(M):
编排页码时包含前缀(I)
文档章节编号
样式(L): 1, 2, 3, 4...
自动为章节编号(C)
起始章节编号(R): 1
与书籍中的上一文档相同(B)
书籍名: 不可用

图6-29

**22** 单击“确定”按钮，可以看到原来页面4的页码改为了第2页，如图6-30所示。

1.1.3 使用 Lightroom 快速修改照片

图6-30

**提示** 在实际的书籍或杂志排版中经常需要修改页码的原本排序以达到排版要求。

打开“每日设计”App，搜索关键词SP090601,即可观看“实战案例：书籍排版”的讲解视频。

# 第 7 章
# 颜色系统、工具和面板

InDesign 2022 提供了大量应用颜色的工具，包括工具箱、色板面板、颜色面板、拾色器和控制面板。

应用颜色时，可以指定将颜色应用于对象的描边还是填色。描边作用于对象的边框（即框架），填色作用于对象的背景。将颜色应用于文本框架时，可以指定颜色变化影响文本框架还是框架内的文本。

本章将针对颜色系统的相关知识进行讲解。

本章核心知识点：

- 应用颜色
- 色调
- 使用色板
- 渐变

# 7.1 应用颜色

## 7.1.1 使用拾色器选择颜色

使用拾色器可以从色域中选择颜色，或以数字方式指定颜色。可以使用 RGB、Lab 或 CMYK 颜色模型来定义颜色。

双击工具栏中的填色或描边图标，可打开“拾色器”对话框，如图7-1所示。

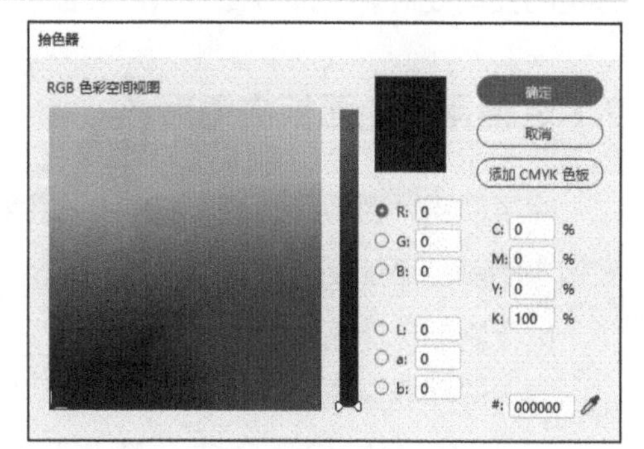


图7-1

## 7.1.2 移去填色或描边颜色

在InDesign 2022中，可以移去文本或者对象的填色或描边颜色，具体操作步骤如下。

（1）选中要移去其颜色的文本或对象。

（2）在工具栏中单击“填色”按钮或“描边”按钮。

（3）单击“无”按钮◪以移去该对象的填色或描边。

## 7.1.3 通过拖放应用颜色

应用颜色或渐变的一种简单方法是将其从颜色源拖到对象或面板上。通过拖曳，不必先选中对象即可应用选中颜色或渐变。

下列各项可以实现拖曳以应用颜色或渐变。

“色板”面板中的颜色，如图7-2所示。

“渐变”面板中的渐变框，如图7-3所示。

还可以将“色板”面板中的颜色直接拖到“渐变”面板中的渐变色条上，如图7-4所示。

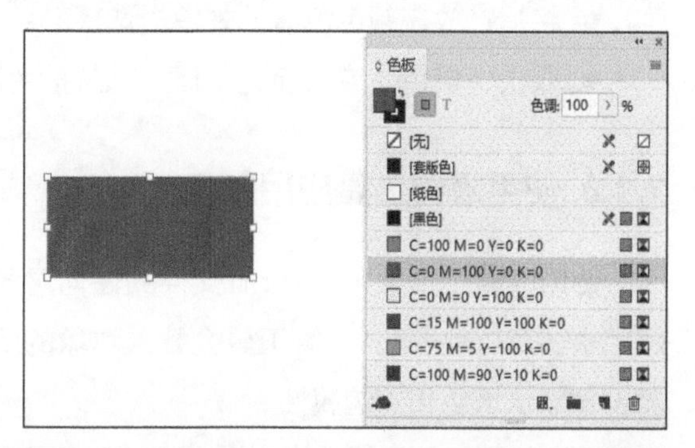


图7-2

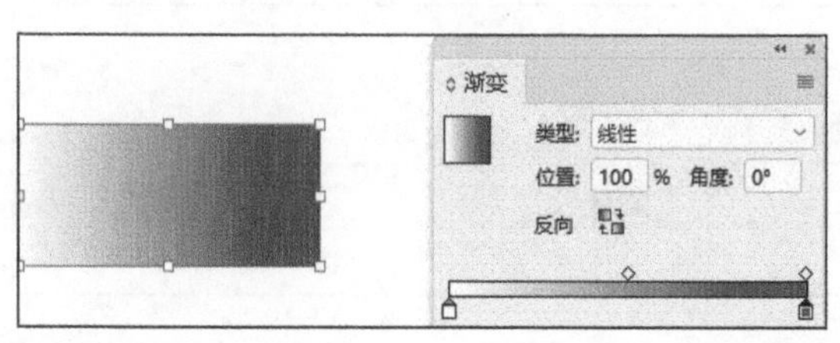


图7-3

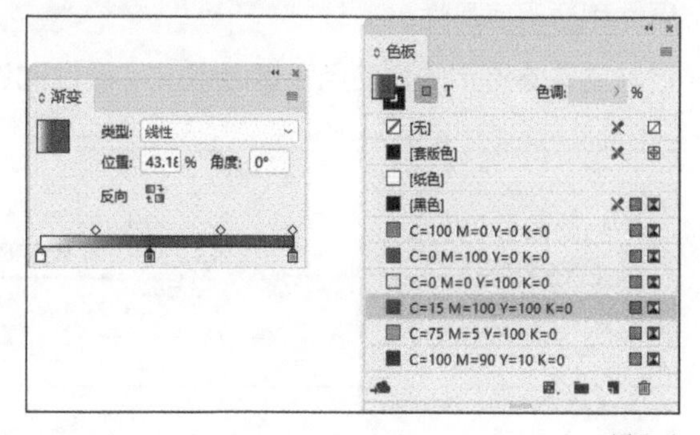


图7-4

### 7.1.4 应用一个颜色色板或渐变色板

使用选择工具选中一个文本框的框架或对象框的框架，或使用文本工具选中一个文本范围，单击“色板”面板上的颜色或“渐变”面板上的渐变色，所选颜色或渐变将应用到任何选定的文本或对象，并将在“颜色”面板中以及工具栏的填色框或描边框中显示。

### 7.1.5 使用颜色面板应用颜色

除了使用“色板”面板，也可以使用“颜色”面板来混和颜色，可以随时将当前“颜色”面板中的颜色添加到“色板”面板中。

执行以下操作编辑填色或描边颜色。

（1）选择要更改的对象或文本。

（2）执行“窗口→颜色→颜色”命令，打开图7-5所示的“颜色”面板。

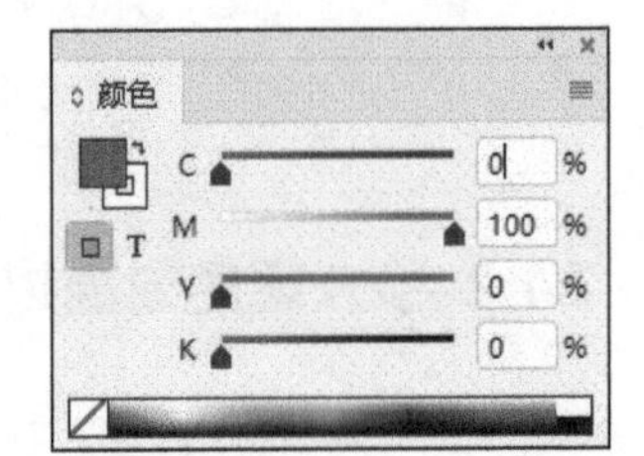

图7-5

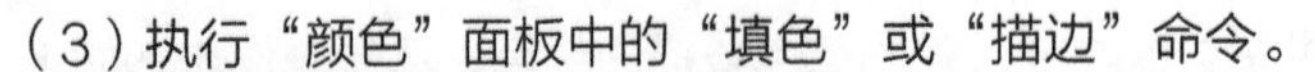
（3）执行“颜色”面板中的“填色”或“描边”命令。

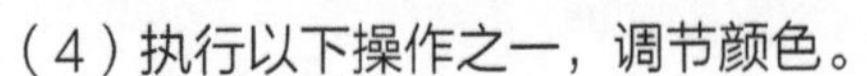
（4）执行以下操作之一，调节颜色。

● 调节“颜色”面板中的色调滑块。

● 在“颜色”面板的菜单中选择一个Lab、CMYK或RGB颜色模型（一般情况下都选择CMYK模式，因为是进行用于印刷的排版设计），使用滑块更改颜色值，或在颜色滑块旁边的文本框中输入数值。

● 将指针放在颜色色谱上并单击选择颜色。

● 双击“填色”或“描边”框，并从拾色器中选择一种颜色，单击“确定”按钮。

### 7.1.6 使用吸管工具应用颜色

使用吸管工具从InDesign文件的任何对象（包括导入图像）中复制填色和描边属性（如颜色）。默认情况下，吸管工具会载入对象的所有可用的填色和描边属性，并为任何新绘制对象设置默认填色和描边属性。

可以使用吸管工具选中对话框更改吸管工具所复制的属性，还可以使用吸管工具复制文字属性和透明度属性。

图7-6所示的为使用吸管吸取文字属性的过程。

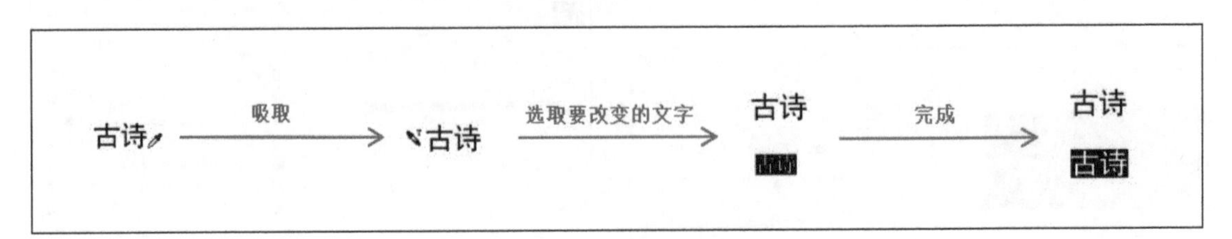

图7-6

# 7.2 使用色板

## 7.2.1 “色板”面板概述

利用“色板”面板，可以创建和命名颜色、渐变或色调，并将它们快速应用于文档。色板类似于段落样式和字符样式，无须定位和调节每个单独的对象，对色板所做的任何更改将影响应用该色板的所有对象，应用色板使修改颜色更加容易。

当所选文本或者某个对象的填色或描边中包含从“色板”面板应用的颜色或渐变时，应用的内容将在“色板”面板中突出显示。

在文档中创建的色板仅与当前文档相关联，每个文档都可以在其“色板”面板中存储一组不同的色板。

## 7.2.2 色板类型

“色板”面板存储的色板类型有“颜色”面板上的标识了专色和印刷色的颜色类型，以及LAB、RGB、CMYK和混合油墨颜色模式。

### 1. 复制色板

在“色板”面板上将一个颜色色板拖动到面板底部的“新建色板”按钮上即可复制色板。复制色板经常在创建现有颜色的更暖或更冷的效果时使用。

### 2. 编辑色板

使用“色板选项”对话框可以更改色板的各个属性。

在“色板”面板中选择一个颜色色板，双击该颜色色板，弹出图7-7所示的“色板选项”对话框，在其中对颜色色板的各个属性进行调整，然后单击“确定”按钮即可完成对当前颜色色板的编辑。

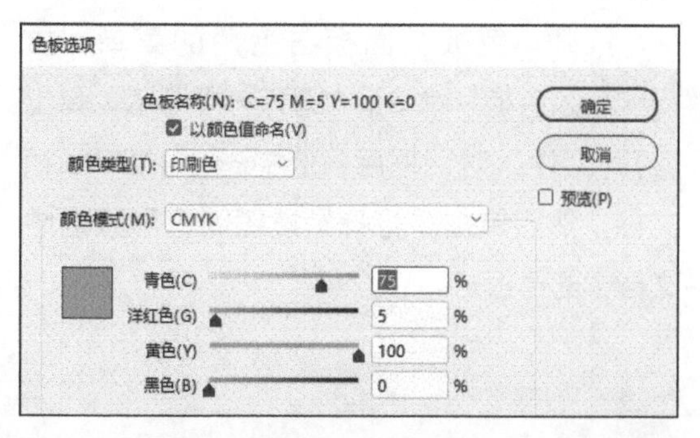


图7-7

### 3. 设置色板名称

默认情况下，印刷色色板的名称来自不同颜色成分的值。例如，如果使用10%的青色、75%的洋红色、100%的黄色和 0%的黑色创建红色印刷色，在默认情况下，其色板将自动命名为“C=10 M=75 Y=100 K=0”，如图7-8所示。

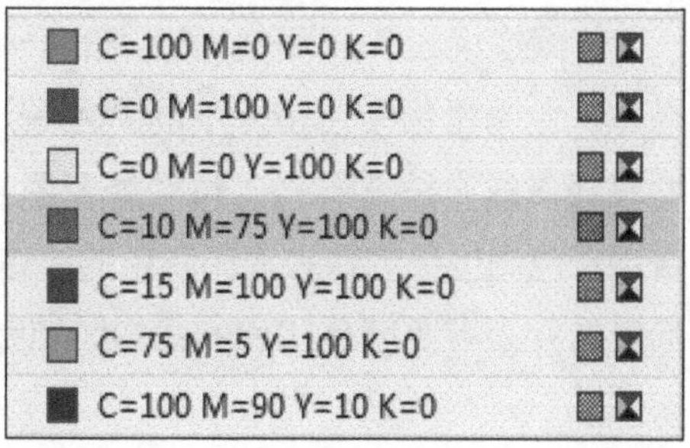

C=100 M=0 Y=0 K=0
C=0 M=100 Y=0 K=0
C=0 M=0 Y=100 K=0
C=10 M=75 Y=100 K=0
C=15 M=100 Y=100 K=0
C=75 M=5 Y=100 K=0
C=100 M=90 Y=10 K=0

图7-8

这种默认的命名方式使用户可以快速识别组成

每种印刷色的颜色比例。

印刷色色板的名称可以随时更改。双击“色板”面板中的一个印刷色，会弹出“色板选项”对话框，在其中取消勾选“以颜色值命名”，然后在“色板名称”文本框中输入自定义的色板名称，单击“确定”按钮即可，如图7-9所示。

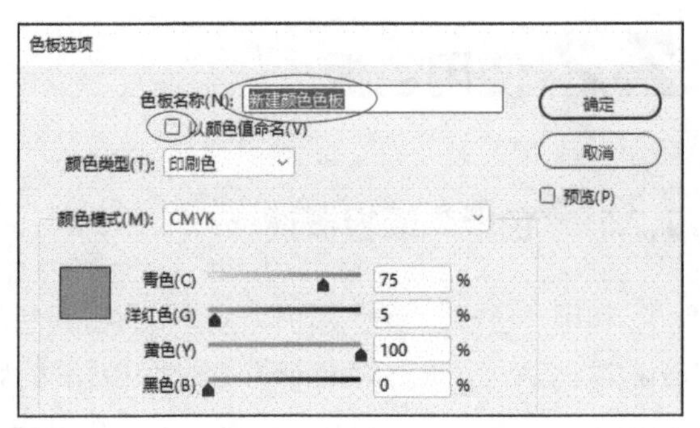


图7-9

### 4. 删除色板

选中一个或多个色板，在“色板”面板的菜单中执行“删除色板”或单击“色板”面板底部的“删除”按钮即可删除多余的色板。

### 5. 存储色板以用于其他文档

要将现有的颜色色板用于其他文件或与其他设计者共享，可以将颜色色板存储到一个Adobe 色板交换文件 (.ase) 中。

在“色板”面板中，选中要存储的色板，然后执行“色板”面板菜单中的“存储色板”命令，为该文件指定名称和位置，并单击“保存”按钮即可。

### 6. 导入色板

InDesign 2022可以实现从其他文档导入颜色和渐变，将其他文档中的所有色板或部分色板添加到“色板”面板中。

打开“色板”面板右上角的菜单，执行“载入色板”命令，如图7-10所示，弹出“打开文件”对话框后，选中一个 InDesign 文档，然后单击“打开”按钮即可导入选中文档中的色板。

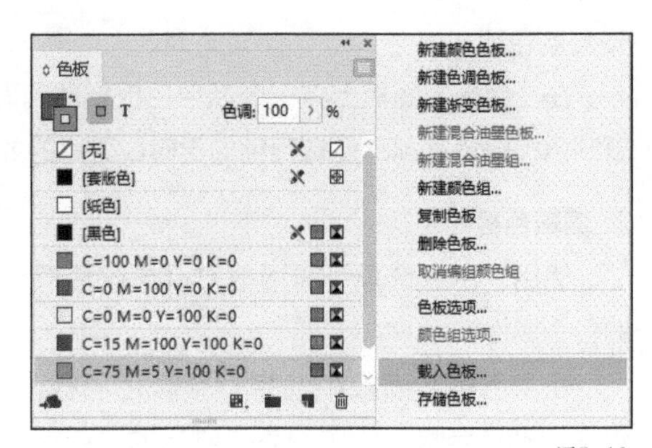


图7-10

## 7.3 色调

色调是经过加网而变得较浅的一种颜色版本。色调是给专色带来不同颜色深浅变化的较经济的方法，不必支付额外专色油墨的费用。色调也是创建较浅印刷色的快速方法，尽管它并未减少四色印刷的成本，如图7-11所示。

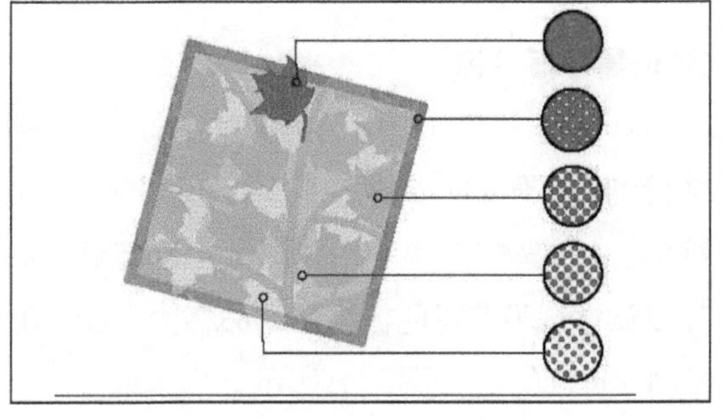

图7-11

与普通颜色一样，最好在“色板”面板中命名和存储色调，以便在文档中轻松编辑该色调的所有实例。

可以调节单个对象的色调，也可以通过使用“色板”面板或“颜色”面板中的“色调”滑块创建色调。色调范围在 0% 到100% 之间，数字越小，色调越浅，图7-12所示的是应用了不同百分比色调的图形。

由于颜色和色调将一起更新，因此编辑一个色板，则使用该色板中色调的所有对象都将进行相应更新，如图7-13所示。

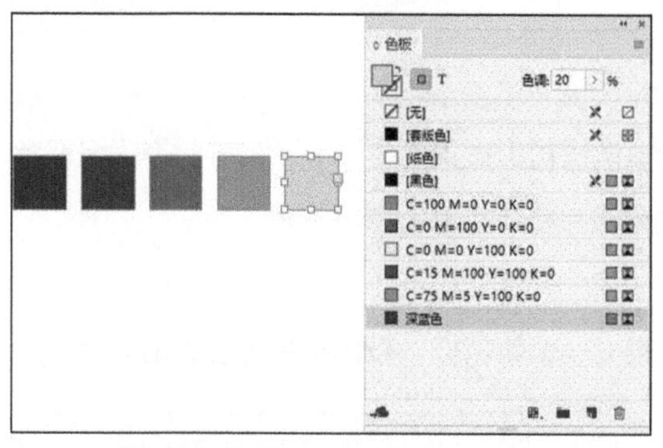


图7-12

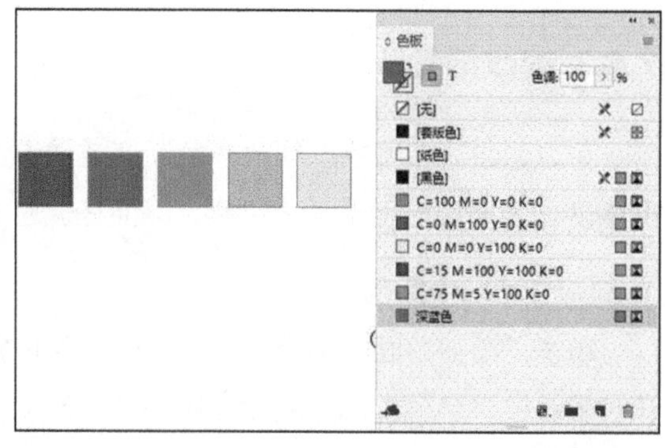


图7-13

# 7.4 渐变

## 7.4.1 关于渐变

渐变是多种颜色之间或同一颜色的两个色调之间的逐渐混和，渐变可以包括纸色、印刷色、专色或使用任何颜色模式的混和油墨颜色。使用不同的输出设备将影响渐变的分色方式。

渐变是通过渐变条中的一系列色标定义的。色标是指渐变中的一个点，渐变在该点从一种颜色变为另一种颜色，色标由渐变条下的彩色方块标识。默认情况下，渐变以两种颜色开始，中点在50%。

## 7.4.2 创建渐变色板

使用“色板”面板可以创建、命名和编辑渐变色板，还可以使用“渐变”面板创建未命名渐变，编辑渐变色板。

执行以下步骤创建渐变色板。

（1）执行“窗口→颜色→色板”命令，打开“色板”面板。

（2）在“色板”面板的菜单中执行“新建渐变色板”命令，打开“新建渐变色板”对话框。

（3）在对话框的“色板名称”文本框内键入渐变的名称。

（4）渐变类型选择“线性”或“径向”选项。

（5）调整渐变色标的颜色。

（6）完成其他属性设置，单击“确定”按钮，如图7-14所示。

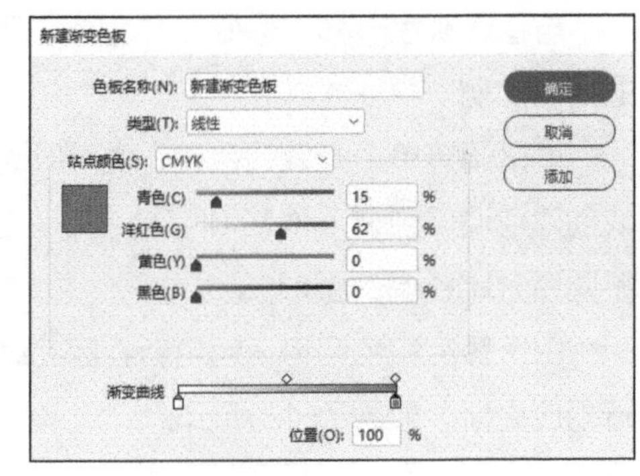

图7-14

## 7.4.3 修改渐变

可以通过添加颜色以创建多色渐变或通过调整色标和中点来修改渐变。最好将要进行调整的渐变作为填色应用于某一对象，以便在调整渐变的同时在对象上预览效果。

### 1. 向渐变添加中间色

单击“渐变”面板中渐变色条下的任意位置定义一个新色标。新色标将由现有渐变色条上该位置处的颜色值自动定义，如图7-15所示。

可以将颜色色板从“色板”面板拖动到“渐变”面板的渐变色条上，以定义一个新色标。

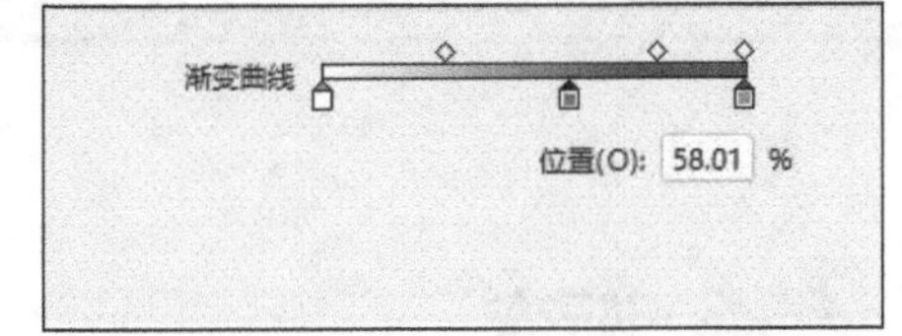

图7-15

### 2. 从渐变中移去中间色

鼠标单击选中色标，然后将其拖到面板的边缘即可除去渐变的中间色。后拖过去的色标颜色将遮盖下层颜色，可拖曳色标调整末端的颜色。

### 3. 反转渐变的方向

在“渐变”面板中，单击“反向”按钮即可反转渐变的方向。

### 4. 使用渐变工具修改渐变

用渐变填充了对象后，可通过如下方式修改渐变。

（1）使用渐变色板工具或渐变羽化工具沿假想线拖动以便为填充区“重新上色”。

（2）使用渐变工具可以更改渐变的方向、渐变的起始点和结束点，还可以跨多个对象应用渐变，图7-16所示的左边是默认的渐变填色，右边是跨对象应用的渐变。

（3）使用渐变羽化工具可以沿拖曳的方向柔化渐变。

执行以下步骤可调整渐变效果。

（1）在“色板”面板或工具栏中，根据原始渐变的应用位置选择“填色”框或“描边”框。

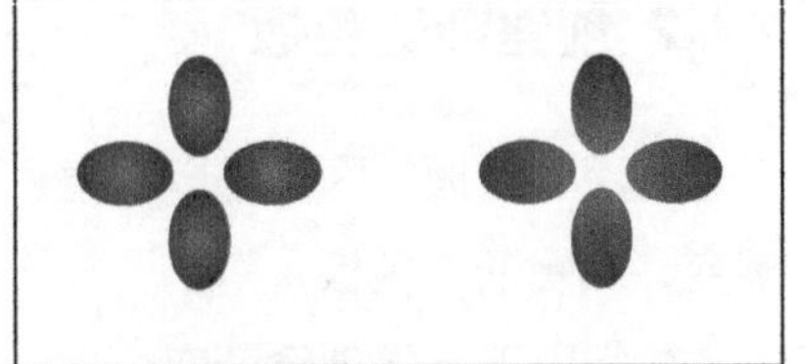
图7-16

（2）使用渐变色板或渐变羽化工具，将其置于要定义渐变起始点的位置，沿着要应用渐变的方向拖过对象。

（3）在要定义渐变端点的位置释放鼠标。

### 7.4.4 将渐变应用于文本

在单个文本框架中，可以在默认的黑色文本和彩色文本旁边创建多个渐变文本范围。

渐变的端点始终根据渐变路径或文本框架的定界框定位，各个文本字符显示它们所在位置的渐变部分，如图7-17所示。

如果调整文本框架的大小或进行其他可导致文本字符重排的更改，则会在渐变中重新分配字符，并且各个字符的颜色也会相应更改。

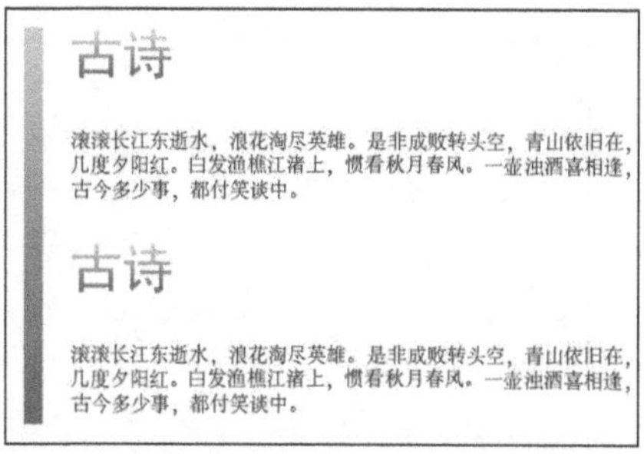

古诗
滚滚长江东逝水，浪花淘尽英雄。是非成败转头空，青山依旧在，几度夕阳红。白发渔樵江渚上，惯看秋月春风。一壶浊酒喜相逢，古今多少事，都付笑谈中。
古诗
滚滚长江东逝水，浪花淘尽英雄。是非成败转头空，青山依旧在，几度夕阳红。白发渔樵江渚上，惯看秋月春风。一壶浊酒喜相逢，古今多少事，都付笑谈中。

图7-17

## 7.5 实战案例：免费体验券

目标：通过制作图7-18所示的免费体验券初步熟悉InDesign 2022的基本环境、操作方式，还可以练习InDesign 2022和Photoshop的结合使用。

免费体验券
慕美时尚健身工作室
mumei fashion fitness studio
免费赠送：
• 人体成分分析报告 1 份
• 私人健康评估 1 次
• 高级私人教练体验课程 1 节
北京市丰台区总部基地一区 xx 号楼 x 层
177xxx95204
人体成分分析报告
私人健康评估
高级私教体验课

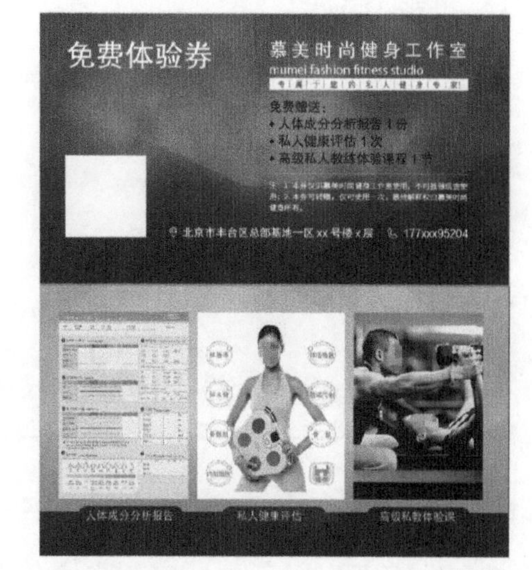

图7-18

#### 操作步骤

**01** 启动InDesign 2022，新建一个文件，将文件页面数设置为2，将尺寸设置为90毫米（宽度）× 50毫米（高度），取消勾选“对页”选项，如图7-19所示。

新建文档
最近使用项
已保存
打印
Web
移动设备
免费体验券
90 毫米
毫米
50 毫米
2
1
关闭
边距和分栏...
版面网格对话框...
前往

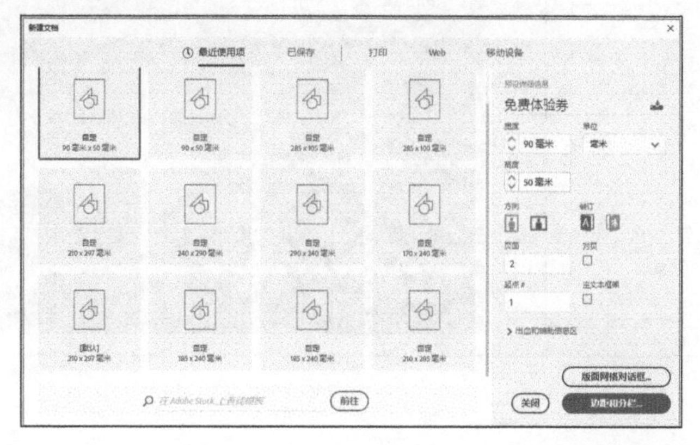

图7-19

**02** 单击“边距和分栏”按钮，在弹出的“新建边距和分栏”对话框中，将边距的“上”“下”“内”“外”分别设置为5毫米，如图7-20所示。

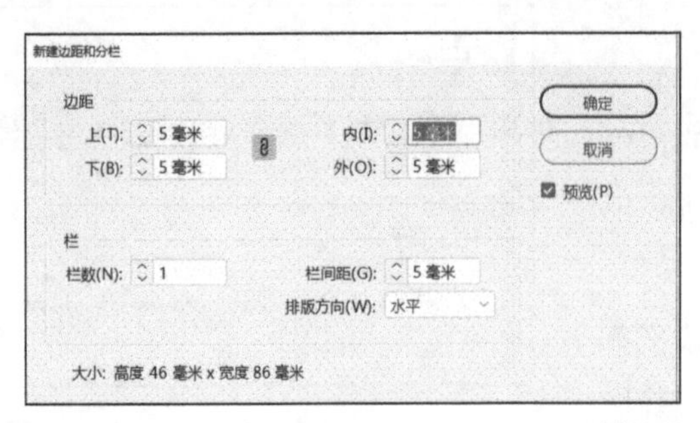


图7-20

**03** 打开新建的空白页面，如图7-21所示。

图7-21

**04** 按【Ctrl】+【D】快捷键，置入要使用的图片，如图7-22所示。

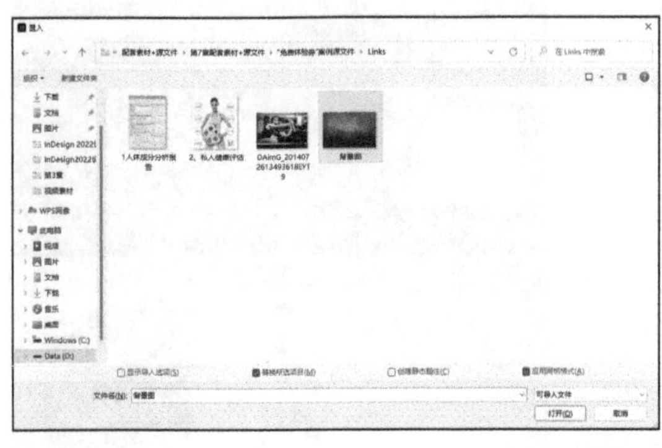

图7-22

**05** 置入图片后，页面如图7-23所示。

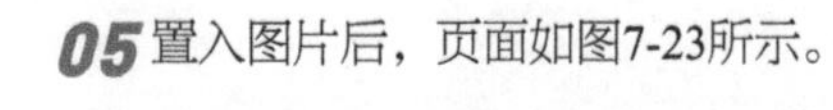

图7-23

**06** 使用文字工具，创建一个文本框，输入“免费体验券”，并将字体设置为方正黑体_GBK，字号设置为16点，颜色设置为白色，放置到页面的右上角，如图7-24所示。

图7-24

**07** 使用文字工具，创建一个文本框，输入“慕美时尚健身工作室”，并将字体设置为方正黑体_GBK，字号设置为10点，颜色设置为白色，放置到页面的右上角，如图7-25所示。

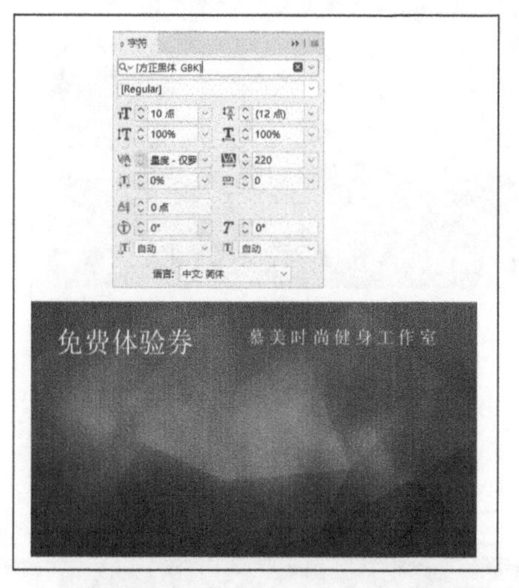


图7-25

**08** 使用文字工具，创建一个文本框，输入“mumei fashion fitness studio”，并将字体设置为Code Pro Demo，字号设置为7点，颜色设置为白色，放置到文字“慕美时尚健身工作室”下方，如图7-26所示。

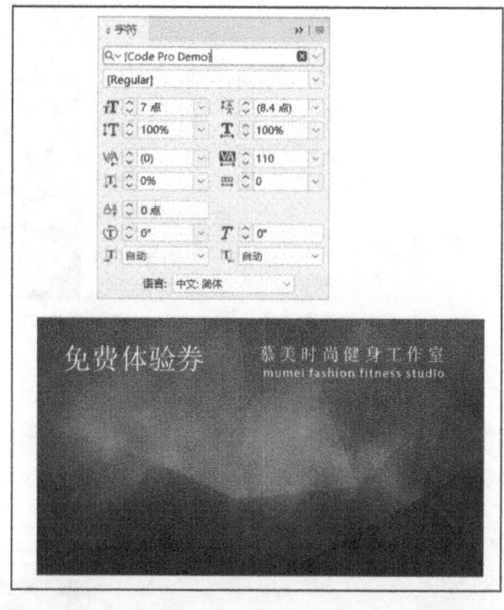


图7-26

**09** 在工具栏中找到矩形工具，在空白处绘制并填充成白色，如图7-27所示。

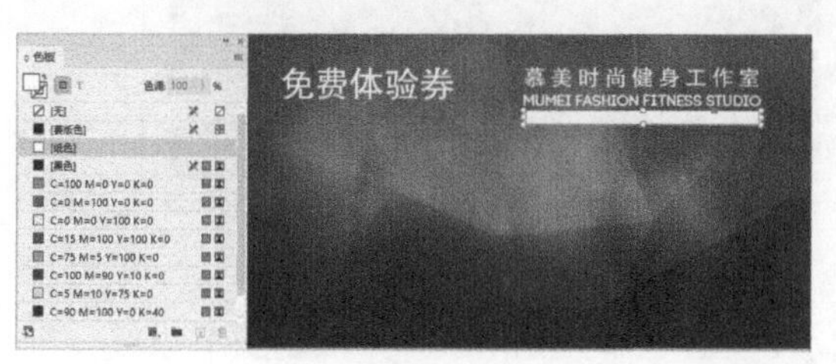


图7-27

**10** 在白色矩形内用直线工具绘制10条竖线并将颜色设置为粉红色，如图7-28所示。

图7-28

**11** 使用文字工具在白色矩形内输入“专属于您的私人健身专家！”，并将字体设置为方正粗倩简体，字号设置为4点，颜色设置为粉红色，如图7-29所示。

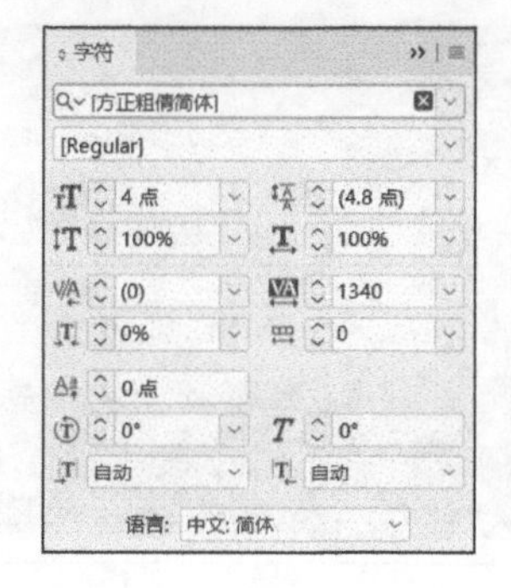

图7-29

**12** 使用文字工具，在白色矩形下方创建一个文本框，输入“免费赠送：人体成分分析报告1份 私人健康评估1次 高级私人教练体验课程1节”，并将字体设置为方正黑体简体，字号设置为7点，颜色设置为黑色，文字排列的样式如图7-30所示。

图7-30

**13** 使用直线工具绘制一条线，在页面上方的工具栏中将其调整为点线，设置为0.25点，长度与白色矩形一样长将颜色设置为白色，如图7-31所示。

图7-31

**14** 使用文字工具，创建一个文本框，在页面右下方输入“注：1.本券仅供慕美时尚健身工作室使用，不可抵做现金使用；2.本券可转赠，仅可使用一次，最终解释权归慕美时尚健身所有。”，并将字体设置为思源黑体 CN，字号设置为4点，颜色设置为白色，如图7-32所示。

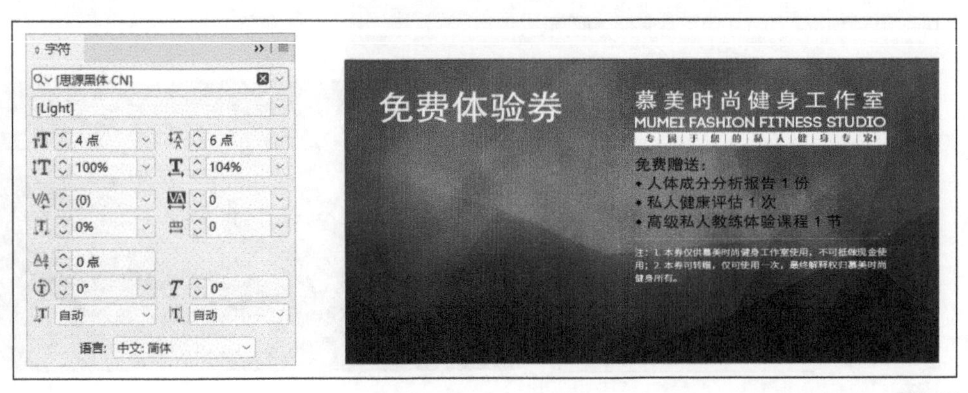


图7-32

**15** 使用文字工具创建文本框，在页面最下方输入“北京市丰台区总部基地一区××号楼×层177×××95204”，并将字体设置为方正黑体简体，字号设置为6点，颜色设置为白色，在地址和电话前面分别加上小图标，如图7-33所示。

图7-33

**16** 使用矩形工具绘制一个15毫米×15毫米的白色正方形，放置在页面左侧的空白位置，最后调整所有细节，最终效果如图7-34所示。

图7-34

**17** 将背景图再置入第二张页面，如图7-35所示。

**18** 用矩形工具绘制一个矩形框架，并将其填充为白色，如图7-36所示。

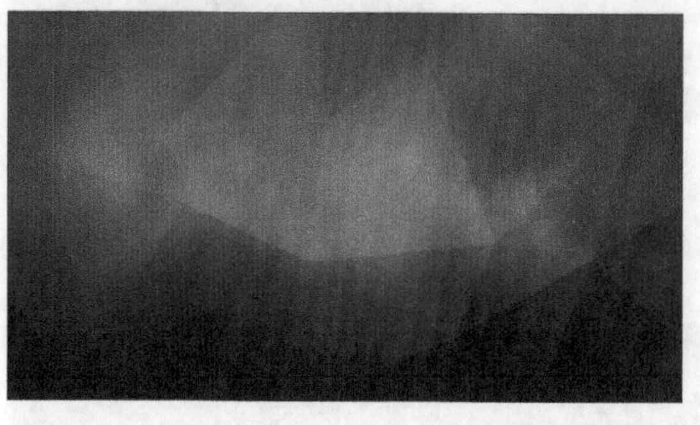

图7-35

图7-36

**19** 用矩形工具绘制一个矩形，在对象窗口将其角选项设置为圆角，如图7-37所示。

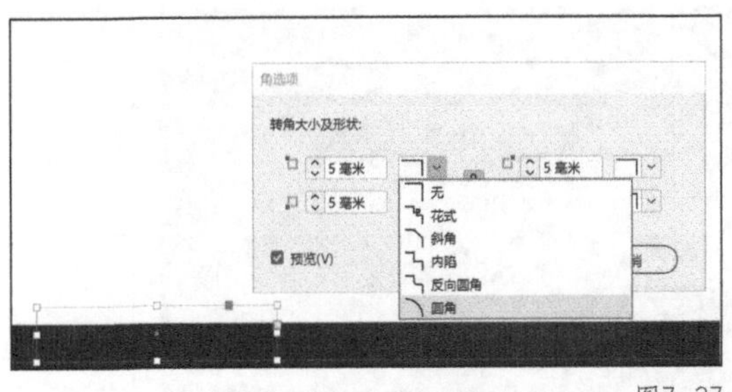


图7-37

**20** 将圆角矩形填充成白色，并复制2个，放到合适位置，使3个圆角矩形对齐、间距相同，如图7-38所示。

图7-38

**21** 选中填充色为白色的3个图形，执行“窗口→对象和版面→路径查找器”命令，在弹出的“路径查找器”面板中设置为“相加”，如图7-39所示。

图7-39

**22** 选中背景色为白色的矩形，单击鼠标右键，执行快捷菜单中的“效果→透明度”命令，将不透明度设置为60%，如图7-40所示。

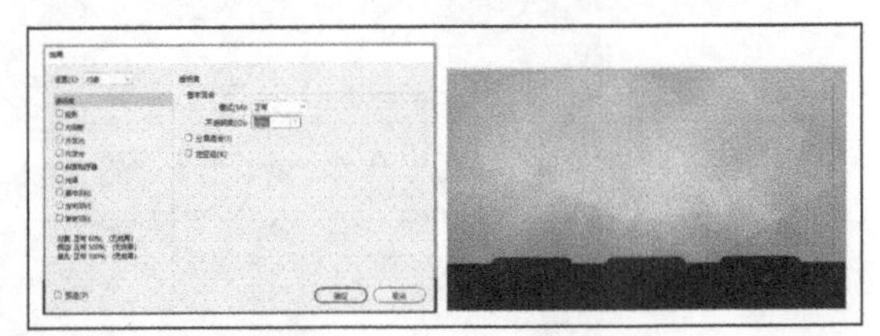

图7-40

**23** 置入“人体成分分析报告”“私人健康评估”“健身素材”3张图片，调整其大小和位置，如图7-41所示。

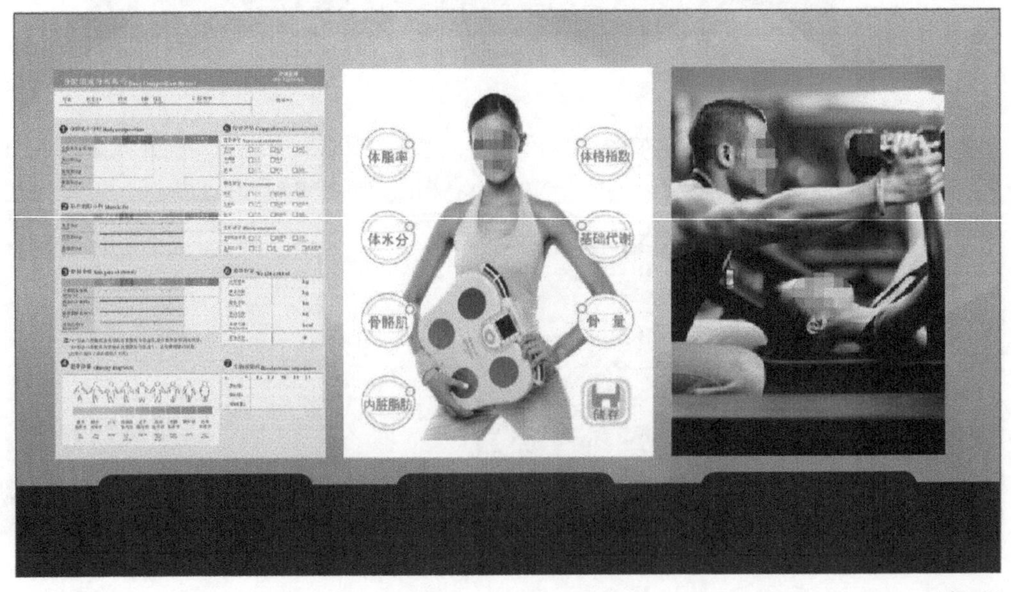


图7-41

**24** 用文字工具创建3个文本框，分别输入“人体成分分析报告”“私人健康评估”“高级私教体验课”，并将字体设置为方正黑体简体，字号设置为6点，颜色暂为默认，如图7-42中的左图所示。调整细节，最终效果如图7-42中的右图所示。

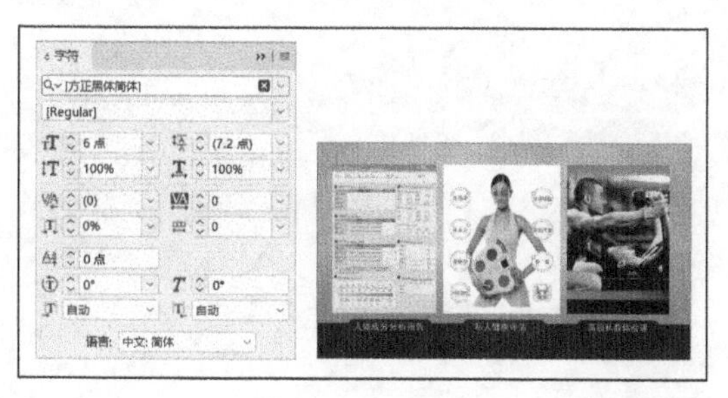

图7-42

**25** 单击文件找到“导出”按钮，文件名为“免费体验券#”，保存类型为Adobe PDF（打印），如图7-43所示。

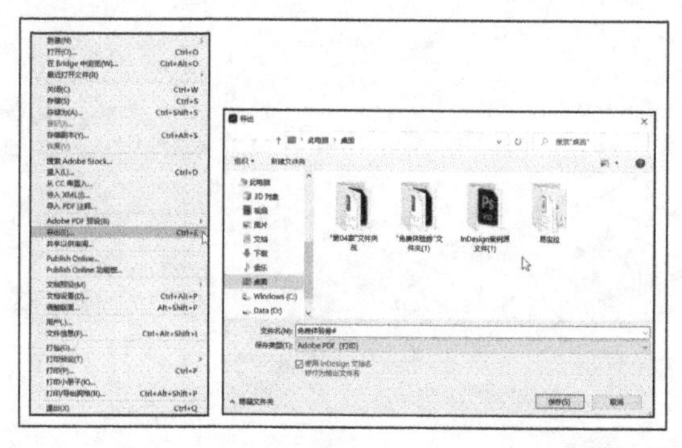

图7-43

打开“每日设计”App，搜索关键词SP090701,即可观看“实战案例：免费体验券”的讲解视频。

# 第 8 章<br>表的使用

在设计工作中，经常需要处理一些表。本章主要讲解如何在InDesign 2022中创建和编辑表。

本章核心知识点：

- 创建表和表中的元素
- 设置表的格式
- 选择和编辑表
- 表描边和填色

# 8.1 创建表和表中的元素

## 8.1.1 创建表

表是由单元格的行和列组成的。单元格类似于文本框架，可在其中添加文本、定位框架或图片，还可以在一个表中嵌入另一个表。

创建表可以在InDesign 2022中完成，也可以从其他应用程序中导入。用户可以从头开始创建表，也可以将现有文本转换为表。

创建一个表时，新建表的宽度与作为容器的文本框的宽度一致。当表的插入点位于行首时，表插在同一行上；当表的插入点位于行中间时，表插在下一行上。

表随周围的文本一起流动，就像随文图。例如，当改变表上方文本的大小或添加、删除文本时，表会在串接的框架之间移动。但是，表不能在路径文本框架上显示。

用创建横排表的方法创建直排表。表的排版方向取决于用来创建该表的文本框的排版方向，文本框的排版方向改变时，表的排版方向会随之改变，在框架网格内创建的表也是如此。但是，表中单元格的排版方向是可以改变的，与表的排版方向无关。

### 1. 从头开始创建表

使用文字工具，将插入点放置在要显示表的位置，执行“表→插入表”命令，弹出图8-1所示的“插入表”对话框，在对话框中设置正文行数以及列数。当表中内容需跨多个列、多个框架或多个页面重复出现时，例如表头，可通过指定表头行或表尾行的数量实现。

创建的表的宽度将与文本框的宽度一致。

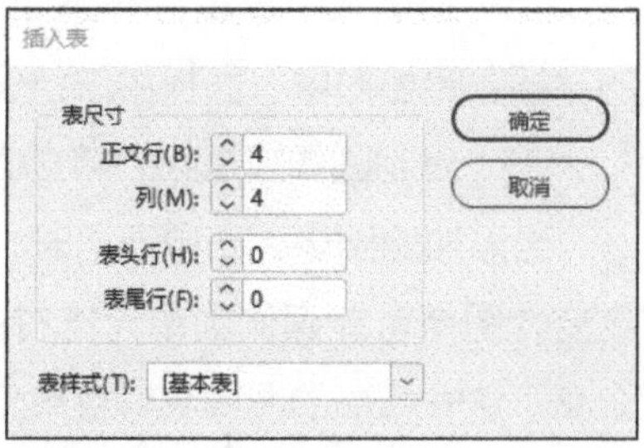

图8-1

### 2. 从现有文本创建表

将文本转换为表之前，一定要正确设置文本，具体操作步骤如下。

（1）转换文本需要使用制表符分隔列，使用回车符分隔行，如图8-2所示。

| 第一章 | 离歌倾城 | 1-5 |
| --- | --- | --- |
| 第二章 | 北城南笙 | 6-10 |

图8-2

（2）使用文字工具，选择要转换为表的文本。

（3）执行“表→将文本转换为表”命令，在弹出的对话框中直接单击“确定”按钮，即可得到图8-3所示的表格。

| 第一章 | 离歌倾城 | 1-5 |
| --- | --- | --- |
| 第二章 | 北城南笙 | 6-10 |

图8-3

### 3. 向表中嵌入表

可通过以下2种方式实现向表中嵌入表。

（1）选择要嵌入的单元格或表，执行“编辑→复制”命令，将插入点放置在要插入该表的单元格中，执行“编辑→粘贴”命令。

（2）单击选中嵌入表的单元格，执行“表→插入表”命令，在弹出的对话框中设置行数和列数，然后单击“确定”按钮。

### 4. 从其他应用程序导入表

执行“文件→置入”命令导入包含表的Word文档或导入Excel 电子表格时，在弹出的“置入”面板中勾选“显示导入选项”选项，选中文件后，单击“打开”按钮，弹出“导入选项”对话框，可通过此对话框控制导入的内容。

用户可以将 Excel 电子表格或Word表中的数据粘贴到InDesign 2022文档中。

## 8.1.2 向表中添加文本和图形

### 1. 添加文本

使用文字工具，将插入点放置在需要键入文字的单元格中，键入文本即可。按【Enter】键即可在同一单元格中新建一个段落。

### 2. 添加图像

可通过以下3种方式添加图像。

（1）将插入点放置在要添加图像的位置，执行“文件→置入”命令，置入需要的图像。

（2）将插入点放置在要添加图像的位置，执行“对象→定位对象→插入”命令，在弹出的“插入定位对象”面板中进行设置，然后单击“确定”按钮。

（3）复制图像或框架，将插入点放置在要添加图像的位置，执行“编辑→粘贴”命令。

当添加的图像大于单元格时，单元格的高度会扩展以便容纳图像，但是单元格的宽度不会改变，图像可能延伸到单元格右侧以外的区域。如果放置图像的行高已设置为固定高度，那么高于这一行高的图像会导致单元格溢流。

为避免单元格溢流，最好先将图像放置在表外，调整图像的大小后再将图像粘贴到单元格中。

## 8.1.3 添加表头和表尾

创建长表时，该表可能会跨多个栏、框架或页面，此时可设置表头行和表尾行，如图8-4所示。

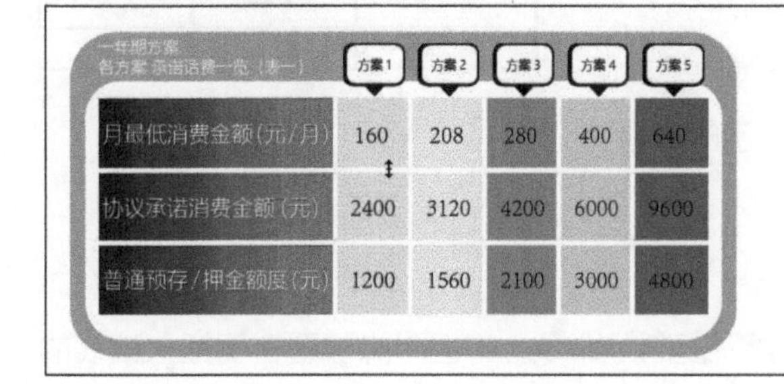

| | 方案1 | 方案2 | 方案3 | 方案4 | 方案5 |
|---|---|---|---|---|---|
| 月最低消费金额(元/月) | 160 | 208 | 280 | 400 | 640 |
| 协议承诺消费金额(元) | 2400 | 3120 | 4200 | 6000 | 9600 |
| 普通预存/押金额度(元) | 1200 | 1560 | 2100 | 3000 | 4800 |

各个方案对应的上网本补差款一览

| | 品牌 | 机型 | 各方案对应的补差款 | | | | |
|---|---|---|---|---|---|---|---|
| | | | 方案1 | 方案2 | 方案3 | 方案4 | 方案5 |
| 1 | HP | Mini1000 | 2580 | 2220 | 1680 | 4546 | 0 |
| 2 | Dell | Mini 10 | 2490 | 2130 | 1590 | 2123 | 0 |
| 3 | 同方 | Imini S5 | 1630 | 1630 | 1090 | 190 | 0 |
| 4 | 海尔 | X105 | 1510 | 1510 | 970 | 70 | 0 |
| 5 | 方正 | 颐和 E100 | 1770 | 1770 | 70 | 330 | 0 |
| 6 | 微星 | U123H | 1820 | 1820 | 330 | 380 | 0 |

图8-4

### 1. 将现有行转换为表头行或表尾行

执行以下操作之一可以将表的现有行转换为表头行或表尾行。

（1）选择表顶部的行以创建表头行，或选择表底部的行以创建表尾行。

（2）执行“表→转换行→到表头”或“到表尾”命令。

### 2. 更改表头行或表尾行选项

将插入点放置在表中，执行“表→表选项→表头和表尾”命令，弹出“表选项”对话框，如图8-5所示。指定表头行或表尾行的数量，可以在表的顶部或底部添加空行。指定表头或表尾中的信息是显示在每个文本栏中（如果文本框的框架具有多栏），还是显示在每个框架一次，或是显示在每个页面一次。

如果不希望表头信息显示在表的第一行中，勾选“跳过最前”选项；如果不希望表尾信息显示在表的最后一行中，勾选“跳过最后”选项。

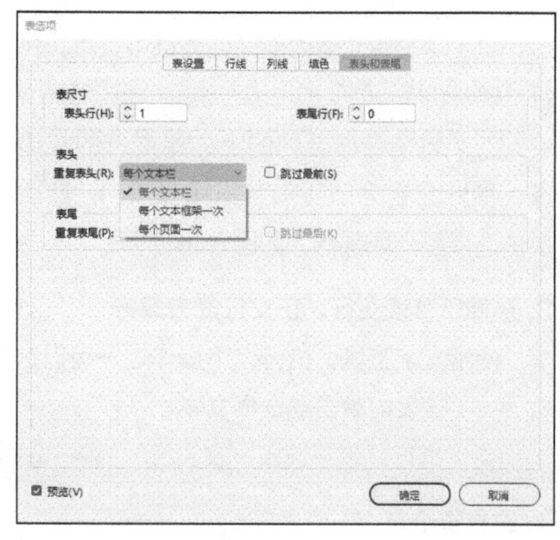


图8-5

### 3. 去除表头行或表尾行

执行以下操作之一可去除表头行或表尾行。

（1）将插入点放置在表头行或表尾行中，执行“表→转换行→到正文”命令。

（2）执行“表→表选项→表头和表尾”命令，指定另外的表头行数或表尾行数。

# 8.2 选择和编辑表

## 8.2.1 选择单元格、行和列

在单元格中选择全部或部分文本时，所选内容和在文本框中选择文本一样。如果所选内容跨过多个单元格，那么单元格及其内容将一并被选择。

当表跨过多个框架或页面，将鼠标指针停放在除第一个表的表头行或表尾行以外的任何表头行或表尾行时，会出现一个锁形图标，表明不能选择该行中的文本或单元格。若要修改表头行或者表尾行中的文本或单元格，需转至首个表的表头行或表尾行。

### 1. 选择单元格

使用文字工具，执行以下操作之一可以选择单元格。

（1）选择一个单元格。单击单元格内部区域或选中文本，执行“表→选择→单元格”命令。

（2）选择多个单元格。跨单元格边框拖曳，不要拖曳列线或行线，否则会改变表的大小。

提示　按【Esc】键可在选中单元格中的所有文本与选中单元格之间进行切换。

### 2. 选择整列或整行

使用文字工具，执行以下操作之一可以选择表的整列或整行。

（1）单击单元格内部区域或选中文本，执行“表→选择→列”或“表→选择→行”命令。

（2）将指针移至列的上边缘或行的左边缘，指针会变为箭头形状（⬇或➡），然后单击选择整列或整行，如图8-6所示。

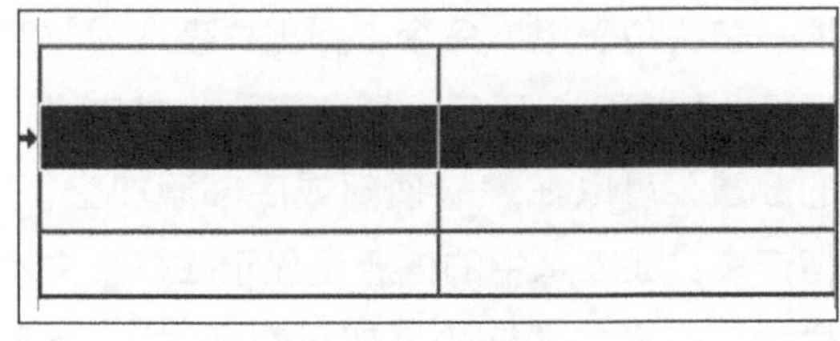

图8-6

### 3. 选择所有表头行、正文行或表尾行

使用文字工具，执行以下操作之一可以选择所有表头行、正文行或表尾行。

（1）在表内单击或选择文本。

（2）执行“表→选择→表头行”“表→选择→正文行”或“表→选择→表尾行”命令。

### 4. 选择整个表

使用文字工具，执行以下操作之一可以选择整个表。

（1）单击单元格内部区域或选中文本，执行“表→选择→表”命令。

（2）将指针移至表的左上角，指针会变为箭头形状↘，然后单击选择整个表，如图8-7所示。

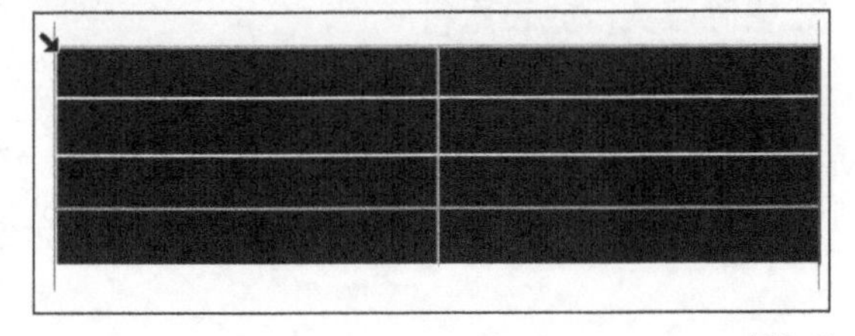

图8-7

（3）将指针从首个单元格拖曳到最后一个单元格。

## 8.2.2 插入行和列

下面讲解插入行和列的不同方法。

### 1. 插入行

在表中插入行的方法有以下2种。

（1）将插入点放置在希望新行出现位置的下面一行或上面一行，执行“表→插入→行”命令，设置需要插入的行数，指定新行应该显示在当前行的前面或后面，然后单击“确定”按钮。

（2）插入点位于最后一个单元格中时，按【Tab】键可创建一个新行。

提示　新的单元格将具有与插入点放置位置相同的文本格式。

### 2. 插入列

将插入点放置在希望新列出现位置的旁列中，执行“表→插入→列”命令，设置所需插入的列数，指定新列应该显示在当前列的前面或后面，然后单击“确定”按钮。

### 3. 插入多行和多列

在表中插入多行和多列的方法有以下2种。

（1）将插入点放置在单元格中，执行“表→表选项→表设置”命令，设置需要的行数和列数，然后单击“确定”按钮。新行将添加到表的底部，新列则添加到表的右侧。

（2）执行“窗口→文字和表→表”命令打开“表”面板，在“表”面板中更改行数和列数。

## 8.2.3 删除行、列或表

如果想删除行、列或表，那么有以下4种方法。

（1）将插入点放置在表中或在表中选择文本，执行“表→删除→行”“表→删除→列”或“表→删除→表”命令。

（2）使用“表选项”对话框删除行和列。执行“表→表选项→表设置”命令，在弹出的“表选项”对话框中设置另外的行数和列数，然后单击“确定”按钮。在横排表中，行从表的底部被删除，列从表的右侧被删除；在直排表中，行从表的左侧被删除，列从表的底部被删除。

（3）使用鼠标删除行或列。将指针放置在表的下边框或右边框上，以便显示双箭头图标（+‖+），按住鼠标左键向上拖曳或向左拖曳，按住【Alt】键分别删除行或列。

**提示**　在按鼠标左键之前，按住【Alt】键，会显示抓手工具，因此，一定要在开始拖曳后按住【Alt】键。

（4）删除单元格的内容而不删除单元格。选中包含要删除文本的单元格，或使用文字工具选中单元格中的文本，按【Backspace】键或【Delete】键或执行“编辑→清除”命令。

## 8.2.4 更改框架中表的对齐方式

默认情况下表会采用其创建时所在的段落或单元格的宽度。

文本框的框架或表的大小可以更改，使表比框架宽或窄，在这种情况下，可以决定表在框架中如何对齐。

（1）将插入点放置在表的右侧或左侧，确保文本插入点放置在表所在的段落中，而不是表的内部，该插入点所在的高度将和框架中表的高度对齐。

（2）单击“段落”面板或控制面板中的一种对齐方式按钮即可，例如“居中对齐”。

### 8.2.5 在表中导航

使用【Tab】键或箭头键可以在表中移动，也可以跳转到特定的行，这在长表中尤其有用。

#### 1. 使用【Tab】键在表中移动

按【Tab】键可以后移一个单元格。按【Shift】+【Tab】组合键可以前移一个单元格，如果在第一个单元格中按【Shift】+【Tab】组合键，插入点将移至最后一个单元格。

#### 2. 使用箭头键在表中移动

如果在插入点位于直排表中某行的最后一个单元格的末尾时按向下箭头键，则插入点会移至同一行中第一个单元格的起始位置。同样，如果在插入点位于直排表中某列的最后一个单元格的末尾时按向左箭头键，则插入点会移至同一列中第一个单元格的起始位置。

#### 3. 跳转到表中的特定行

执行“表→转至行”命令，弹出“转至行”对话框，执行以下操作之一可以跳转到表中的特定行。

（1）指定要跳转到的行号，然后单击“确定”按钮。

（2）若当前表中定义了表头行或表尾行，在菜单中执行“表头”或“表尾”命令，然后单击“确定”按钮。

### 8.2.6 组合表

使用“粘贴”命令将2个或2个以上的表合并到一个表中。

（1）在目标表中插入空行，插入的行数要多于或等于复制的表的行数。如果插入的行数少于复制的表的行数，则无法粘贴。

（2）在源表中，选中要复制的单元格。如果复制的单元格列数多于目标表中的可用单元格列数，则无法粘贴。

（3）至少选择一个要插入被复制行的单元格，然后执行“编辑→粘贴”命令。

## 8.3 设置表的格式

使用控制面板或“字符”面板对表中的文本格式进行设置，设置方法与文本框内的文本格式设置一样。

表本身的格式主要采用“表选项”对话框和“单元格选项”对话框进行设置。可以使用这两个对话框更改行数和列数，更改表边框和填色的外观，确定表前和表后的间距，编辑表头行和表尾行，以及添加其他表格式。

使用“表”面板、控制面板或上下文菜单构建表的格式。选择一个或多个单元格，然后单击鼠标右键，将显示含有表选项的上下文菜单。

## 8.3.1 调整列、行和表的大小

下面讲解调整行、列和表的大小的方法。

### 1. 调整列和行的大小

将指针放在列或行的边缘上以显示双箭头图标，然后向左拖曳以增加列宽，向右拖曳以减小列宽；或向上拖曳以增加行高，向下拖曳以减小行高，如图8-8所示。

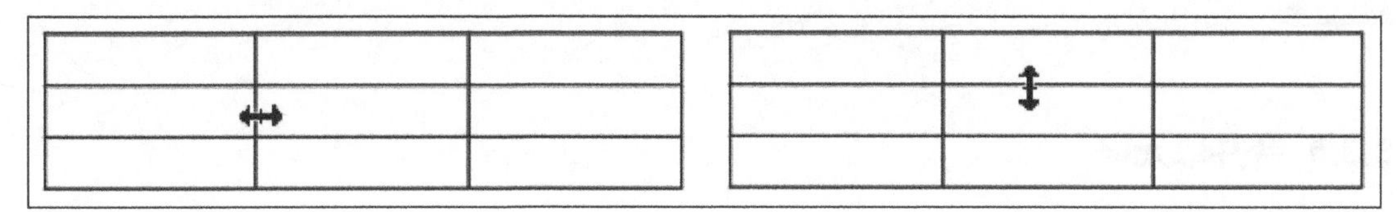

图8-8

### 2. 调整整个表的大小

使用文字工具，将指针放置在表的右下角，使指针变为箭头形状↘，然后通过拖曳来增加或减小表的大小。按【Shift】键可以保持表的宽高比例不变。

对于直排表，使用文字工具将指针放置在表的左下角使指针变为箭头形状↙，然后进行拖曳以增加或减小表的大小。

提示　如果表在文章中跨多个框架，则不能使用指针调整整个表的大小。

### 3. 均匀分布列和行

执行以下步骤，可以在表中均匀分布列和行。

（1）在列或行中选择应当等宽或等高的单元格。

（2）执行“表→均匀分布行”或“均匀分布列”命令。

## 8.3.2 更改表前距或表后距

将插入点放置在表中，然后执行“表→表选项→表设置”命令，在弹出的“表设置”对话框中的“表间距”下，为“表前距”和“表后距”指定不同的值，然后单击“确定”按钮。

注意，更改表前距不会影响位于框架顶部的表行的间距。

## 8.3.3 旋转单元格中的文本

执行以下操作，可以在表中旋转单元格中的文本。

（1）将插入点放置在要旋转的单元格中。

（2）执行“表→单元格选项→文本”命令。

（3）选择一个旋转值，然后单击“确定”按钮。

### 8.3.4 更改单元格内边距

使用文字工具，将插入点放置在要更改的单元格中或选中这些单元格，执行“表→单元格选项→文本”命令，在弹出的“单元格选项”对话框中的“单元格内边距”下，为“上”“下”“左”“右”指定值，然后单击“确定”按钮。

提示　多数情况下，增加单元格内边距将增加行高，如果将行高设置为固定值，需确保为内边距留出足够的空间，以避免导致溢流文本。

### 8.3.5 合并单元格

合并（组合）单元格是指将同一行或同一列中的两个或多个单元格合并为一个单元格。例如，可以将表的最上面一行中的所有单元格合并成一个单元格，以留给表标题使用。

用文字工具，选中要合并的单元格，执行“表→合并单元格”命令即可合并单元格。

### 8.3.6 拆分单元格

在创建表单类型的表时，可以对选择的多个单元格进行垂直或水平拆分。

将插入点放置在要拆分的单元格中，也可以选择行、列或单元格块，然后执行“表→垂直拆分单元格”或“表→水平拆分单元格”命令即可拆分单元格。

### 8.3.7 更改单元格的排版方向

通过以下2种方法可更改单元格的排版方向。

（1）将文本插入点放置在要更改方向的单元格中，执行“表→单元格样式选项→文本”命令，会弹出“单元格选项”对话框，在排版方向的下拉列表中选择文字方向，然后单击“确定”按钮，如图8-9所示。

（2）执行“窗口→文字和表→表”命令，打开“表”面板，在排版方向的下拉列表中选择文字方向。

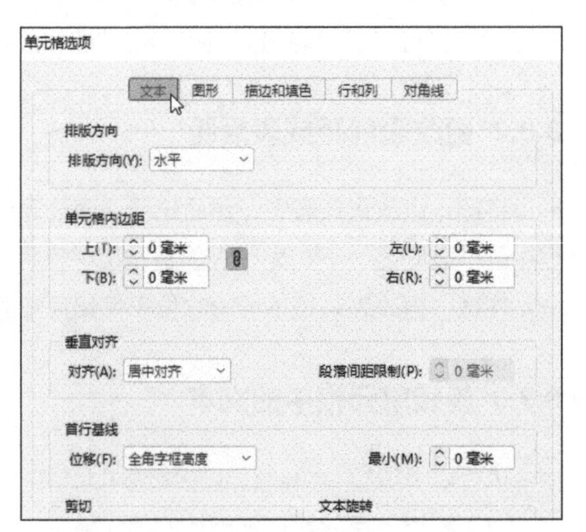


图8-9

# 8.4 表描边和填色

## 8.4.1 关于表描边和填色

有多种方式可以将描边（即表格线）和填色添加到表中。使用“表选项”对话框，可以更改表边框的描边，并向列和行中添加交替描边与填色。图8-10所示的为表交替填色的效果。

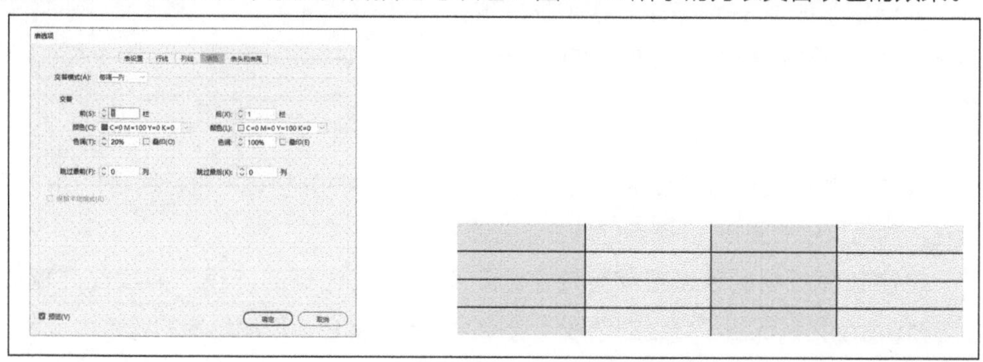

图8-10

如果要对表或单元格重复使用相同的格式，那么可以创建并应用表样式或单元格样式。

选中已经设定好的表格，执行“表样式”面板菜单中的“新建表样式”命令，打开“新建表样式”对话框，在其中命名表样式的名称，然后单击“确定”按钮，即可在“表样式”面板中出现新的表样式，如图8-11所示。

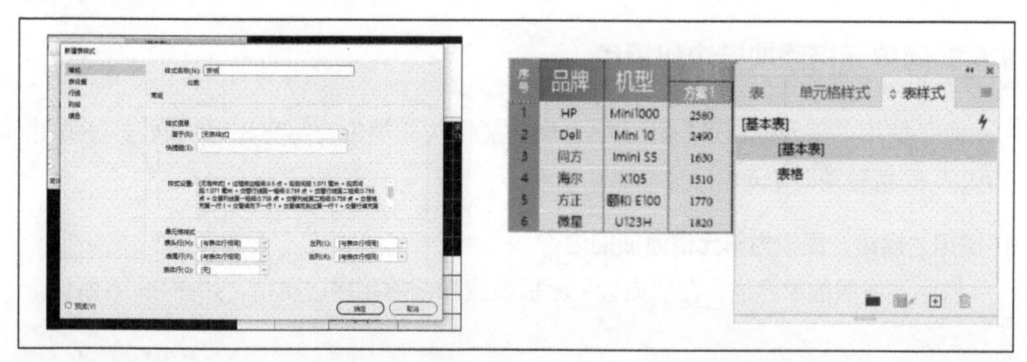


图8-11

将创建的表样式应用到其他表格中，如图8-12所示。

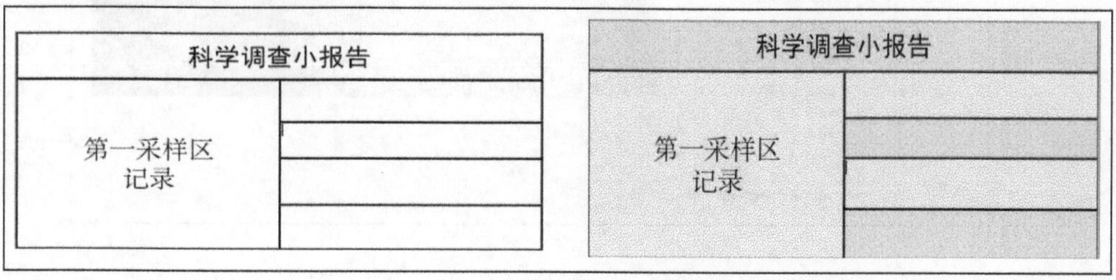

| 科学调查小报告 | |
|---|---|
| 第一采样区<br>记录 | |
| | |
| | |
| | |

| 科学调查小报告 | |
|---|---|
| 第一采样区<br>记录 | |
| | |
| | |
| | |

图8-12

## 8.4.2 更改表边框

用户可以使用“表设置”对话框或“描边”面板来更改表边框。

将插入点放置在单元格中，然后执行“表→表选项→表设置”命令，弹出“表选项”对话框，如图8-13所示。在表外框下，设置表边框所需的粗细、类型、颜色、色调和间隙。

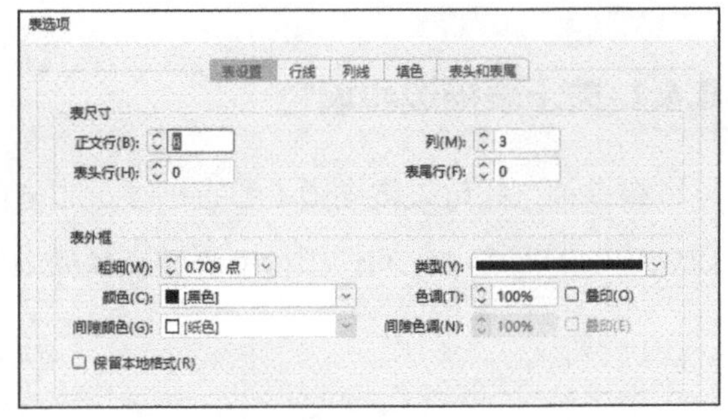


图8-13

有时不需要对整个表的边框进行编辑，只需对表中的某些边框进行编辑，用户可以选中表后在控制面板中对图8-14所示的地方进行设置。

在控制面板中的表设置部分单击，可取消对表边框的行线、列线或外框线的选择。图8-15所示为只保留了行线的选取（选择的线条为蓝色，取消选择的线条为灰色），行线宽度为0点。

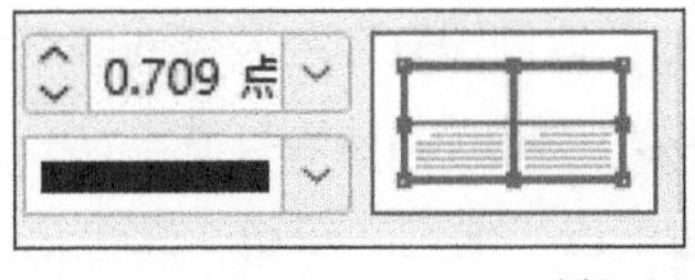


图8-14

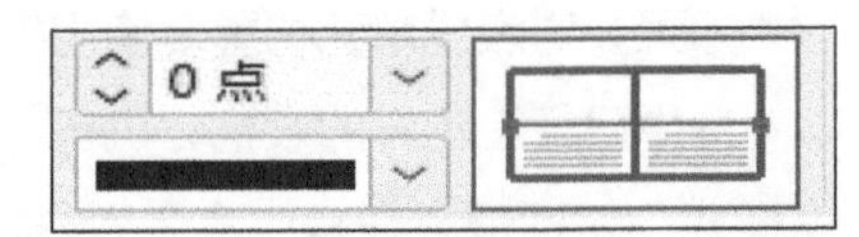


图8-15

## 8.4.3 向单元格添加描边和填色

除了使用“单元格选项”对话框为表设置描边和填色，用户还可以通过“描边”面板与“色板”面板分别向单元格添加描边和填色。

### 1. 使用“描边”面板为单元格添加描边

选中要设置的单元格，在“描边”面板设置粗细值和描边类型，如图8-16所示。

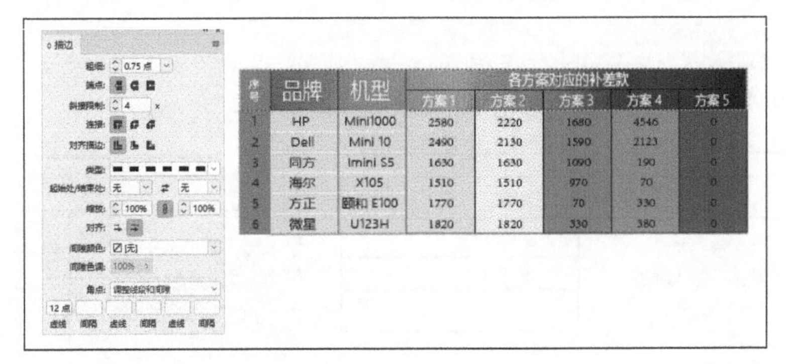

| 序号 | 品牌 | 机型 | 各方案对应的补差款 | | | | |
|---|---|---|---|---|---|---|---|
| | | | 方案1 | 方案2 | 方案3 | 方案4 | 方案5 |
| 1 | HP | Mini1000 | 2580 | 2220 | 1680 | 4546 | 0 |
| 2 | Dell | Mini 10 | 2490 | 2130 | 1590 | 2123 | 0 |
| 3 | 同方 | Imini S5 | 1630 | 1630 | 1090 | 190 | 0 |
| 4 | 海尔 | X105 | 1510 | 1510 | 970 | 70 | 0 |
| 5 | 方正 | 颐和 E100 | 1770 | 1770 | 70 | 330 | 0 |
| 6 | 微星 | U123H | 1820 | 1820 | 330 | 380 | 0 |

图8-16

### 2. 使用“色板”面板向单元格添加填色

选中要设置的单元格，在“色板”面板中选择一个颜色色板，如图8-17所示。

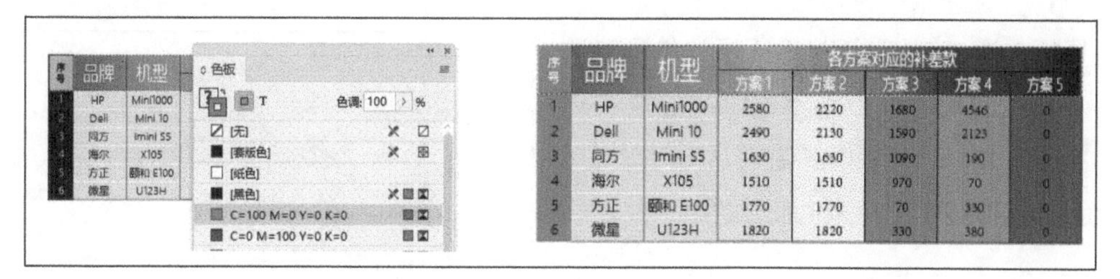

图8-17

### 3. 使用“渐变”面板向单元格添加渐变

选中要设置的单元格，在“渐变”面板根据需要调整渐变设置，如图8-18所示。

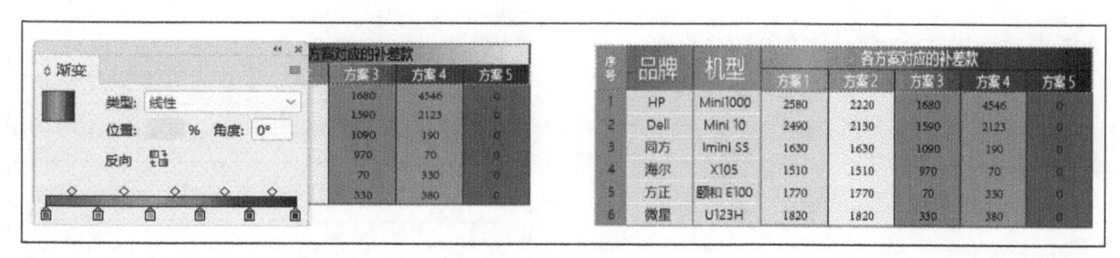

图8-18

## 8.4.4 向单元格添加对角线

选中要设置的单元格，单击鼠标右键，执行快捷菜单中的“表→单元格选项→对角线”命令，弹出“单元格选项”对话框，在对话框中选择某种对角线样式，设置其颜色和类型等参数，单击“确定”按钮，效果如图8-19所示。

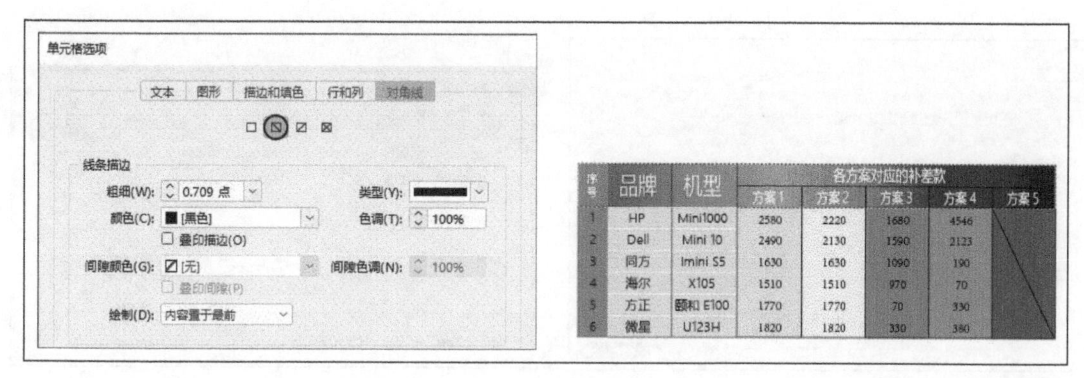

图8-19

# 8.5 实战案例：体适能测试评估表

目标：通过制作图8-20所示的体适能测试评估表初步熟悉InDesign 2022的基本环境、操作方式，以及表格的使用，还可以练习InDesign 2022和Photoshop的结合使用。

**慕美时尚健身工作室**

体适能测试评估表

| 测试次数 Test No. | | 第一次 The 1st Time | 第二次 The 2st Time | 第三次 The 3st Time | 第四次 The 4st Time |
|---|---|---|---|---|---|
| 测试日期 Test Date | | | | | |
| 年龄 Age | | | | | |
| 基本资料 Bastic Information | 身高 Height | | | | |
| | 体重 Weight | | | | |
| | 心率 Heart Rate | | | | |
| | 血压 Blood Pressure | | | | |
| 体围 Body Dimension | 胸围（女性会员不测）Chest Measurement | | | | |
| | 腰围 Waist Measurement | | | | |
| | 臀围 Hipline | | | | |
| | 上臂 Highhipsize | | | | |
| | 大腿 Thigh | | | | |
| | 小腿 Shank | | | | |
| 体适能测试项目 Fitness Test | 平板支撑 Plank | | | | |
| | 一分钟俯卧撑 Push-up/1Min | | | | |
| | 坐姿体前屈Flexibility | | | | |
| | 一分钟仰卧起坐 Sit-ups/1Min | | | | |
| | 单脚站立 Stand on one leg | | | | |
| | 单腿深蹲 One-Leg Squats | | | | |
| | 侧支撑 Side Stay | | | | |
| 体适能总评估 Overall Assessments | | | | | |
| 教练 Coaches | | | | | |

图8-20

## 操作步骤

**01** 启动InDesign 2022，新建一个文件，将文件页面数设置为1，尺寸设置为210毫米（宽度）×285毫米（高度），如图8-21所示。

**02** 单击“边距和分栏”按钮，在弹出的“新建边距和分栏”对话框中，将边距设置为20毫米，单击“确定”按钮，如图8-22所示。

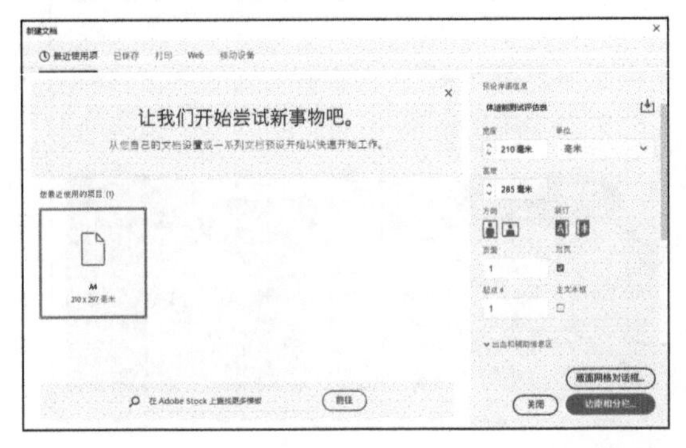


图8-21

新建边距和分栏

边距

上(T): 20 毫米　内(I): 20 毫米

下(B): 20 毫米　外(O): 20 毫米

栏

栏数(N): 1　栏间距(G): 5 毫米

排版方向(W): 水平

大小: 高度 245 毫米 x 宽度 170 毫米

确定　取消　预览(P)

图8-22

**03** 打开新建的空白页面，如图8-23所示。

图8-23

**04** 在InDesign 2022中使用文字工具创建一个段落文本框，输入文字“慕美时尚健身工作室”，将其字体设置为微软雅黑 Bold，字号设置为18点，字体颜色设置为黑色，如图8-24所示。

图8-24

**05** 在上述文本框下面再用文字工具创建一个段落文本框，输入文字“体适能测试评估表”，文字后面绘制一条横线，将其字体设置为造字工房悦圆演示版，字号设置为28点，如图8-25所示。

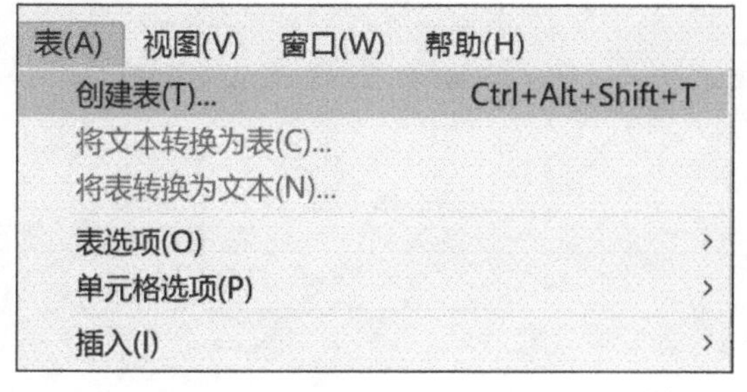


图8-25

**06** 使用文字工具，将插入点放置在“体适能测试评估表”下方，执行“表→创建表”命令，如图8-26所示。

图8-26

**07** 在弹出的“创建表”对话框中将正文行数设置为22，列数设置为6，如图8-27所示。

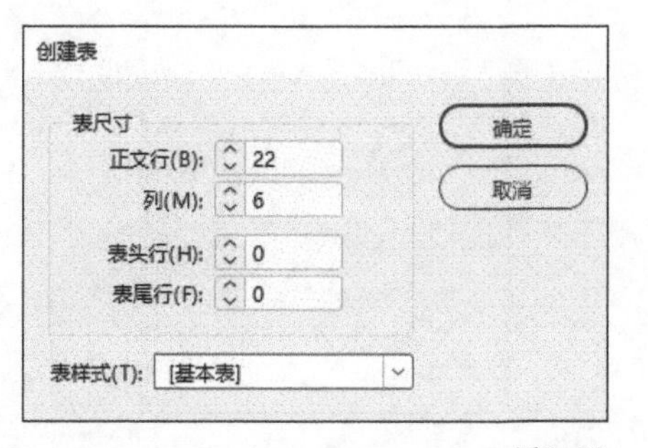


图8-27

**08** 创建的表如图8-28所示。

图8-28

**09** 选中第一行最左边2个单元格，单击鼠标右键，执行快捷菜单中的“合并单元格”命令，如图8-29所示。

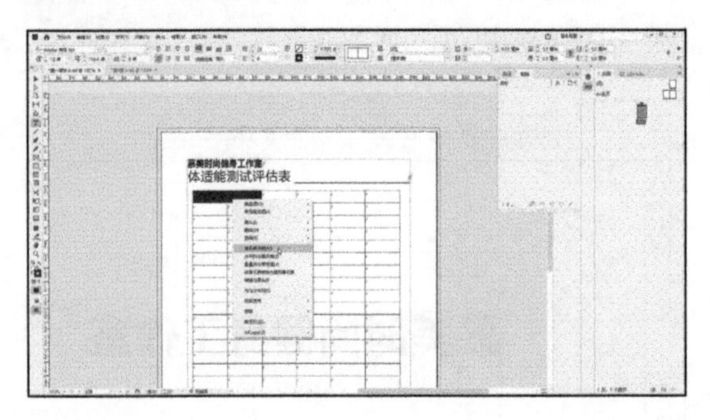

图8-29

**10** 对其余该合并的单元格进行合并，最终得到图8-30所示的表。

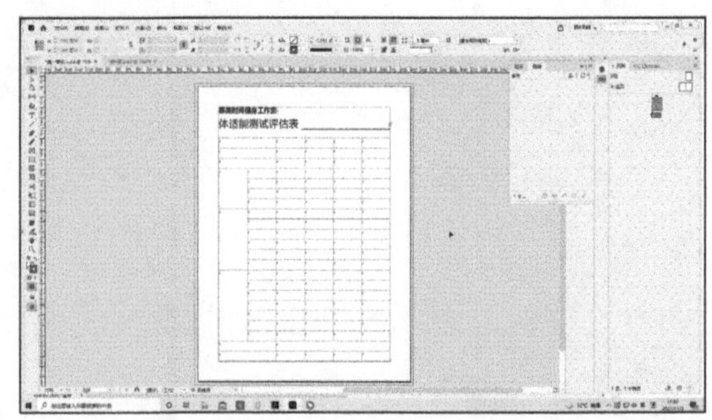

图8-30

**11** 将各单元格的对应文字输入表中，文字字体设置为宋体，字号设置为11号，颜色设置为黑色，如图8-31所示。

图8-31

**12** 输入文字之后，适当调整单元格的宽度，使文字能够完整呈现，如图8-32所示。

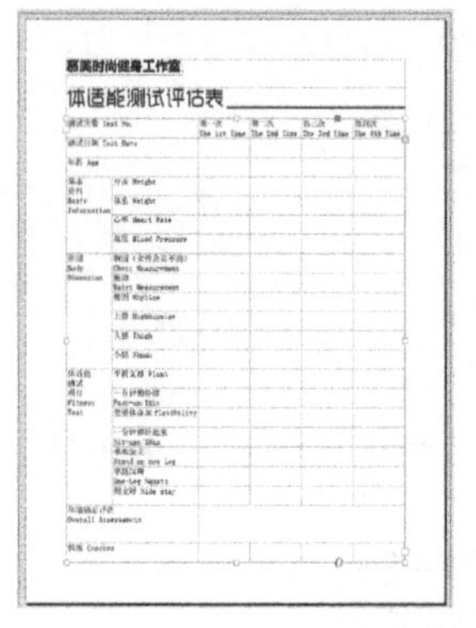

图8-32

**13** 选中全部表后，单击鼠标右键，执行快捷菜单中的“表选项→表设置”命令，如图8-33所示，可以更改表边框的描边。

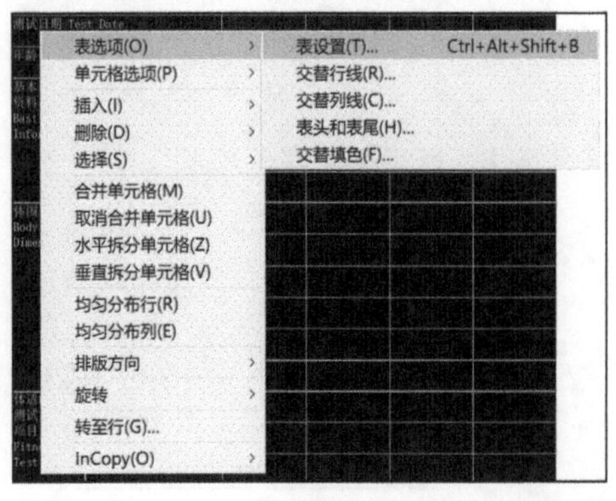


图8-33

**14** 图8-34所示为将表外框粗细设置为0.5点的效果。

图8-34

**15** 再打开“表选项”对话框，切换到填色，可以为表添加填色。将交替模式设置为每隔一行，前一行颜色设置为蓝色，色调设置为5%，后一行颜色设置为深蓝色，色调设置为5%，跳过最前1行，如图8-35所示。

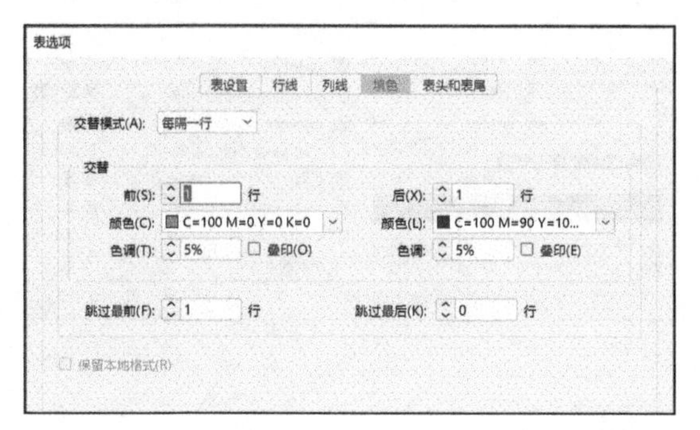

图8-35

**16** 填色后的表格如图8-36所示。

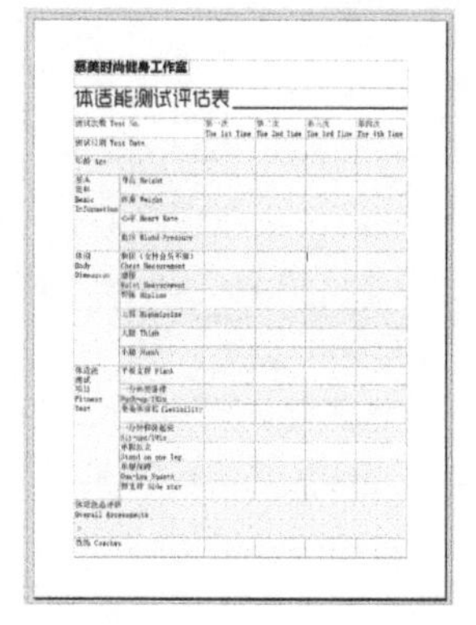

图8-36

**17** 将第一行未填色的表格填充成粉色，色调设置为20%，如图8-37所示。

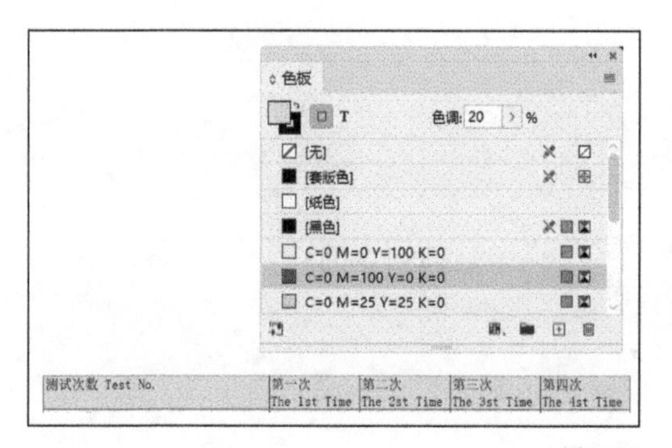

图8-37

**18** 执行“窗口→颜色→色板”命令，打开“色板”面板。在“色板”面板的菜单中执行“新建渐变色板”命令，如图8-38所示。

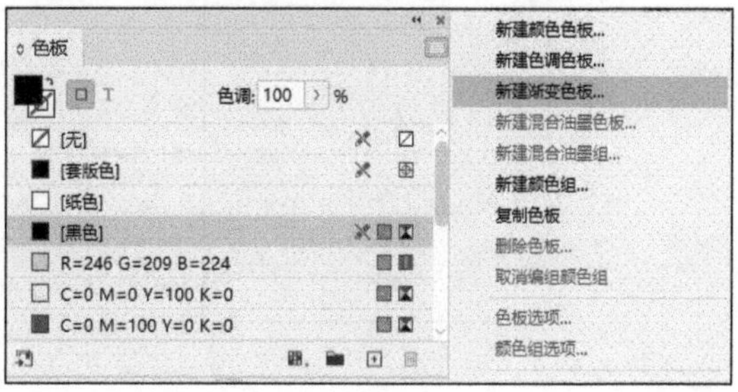

图8-38

**19** 在打开的“新建渐变色板”对话框中，将“类型”设置为线性，把渐变曲线最左端站点颜色设置为C70%、G10%、Y0%、B0%，如图8-39所示。

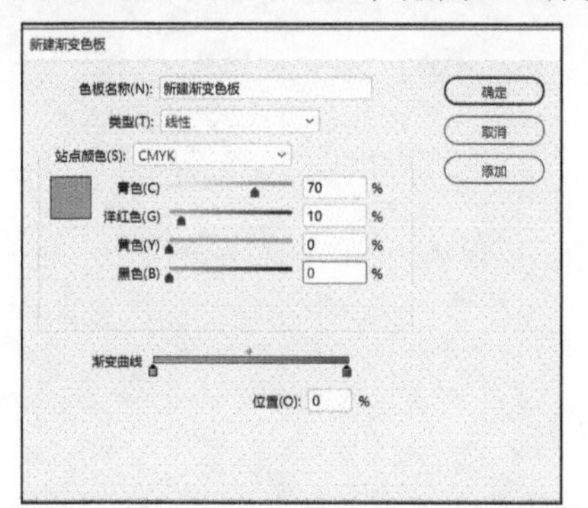

图8-39

**20** 将渐变曲线最右端站点颜色设置为C0%、G80%、Y0%、B10%，如图8-40所示。

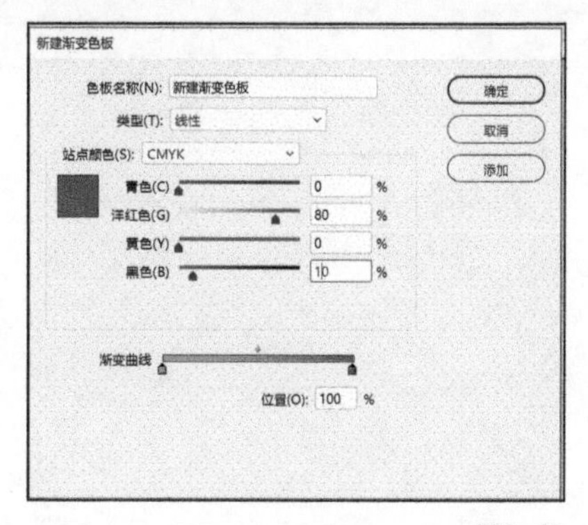

图8-40

**21** 将渐变曲线中间点置于位置30%处，单击“确定”按钮，如图8-41所示。

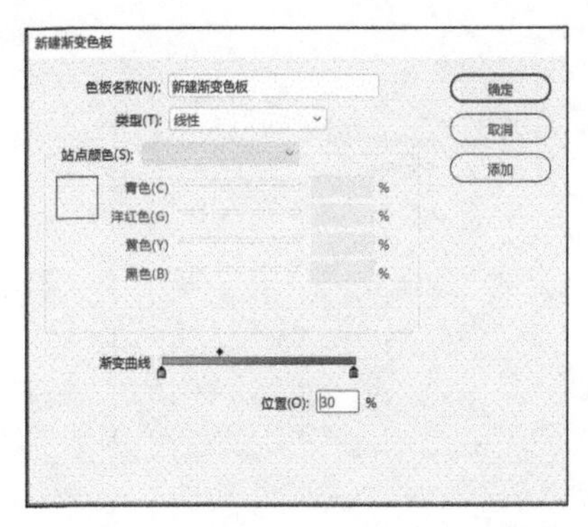


图8-41

**22** 选中文字“体适能测试评估表”和文字后的横线，将新建渐变色板应用到文字上，如图8-42所示。

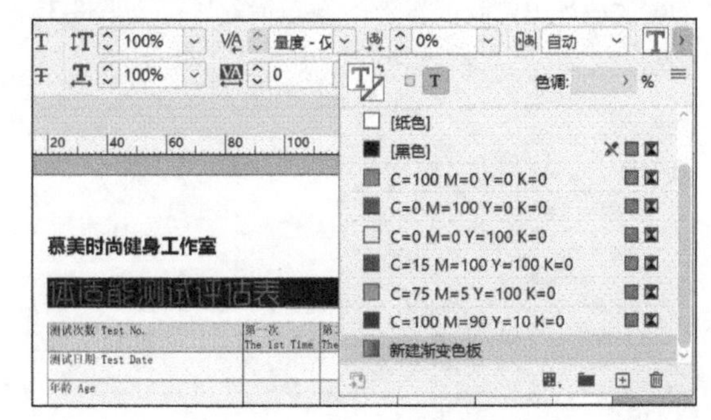


图8-42

**23** 最终制作完成的表格如图8-43所示。

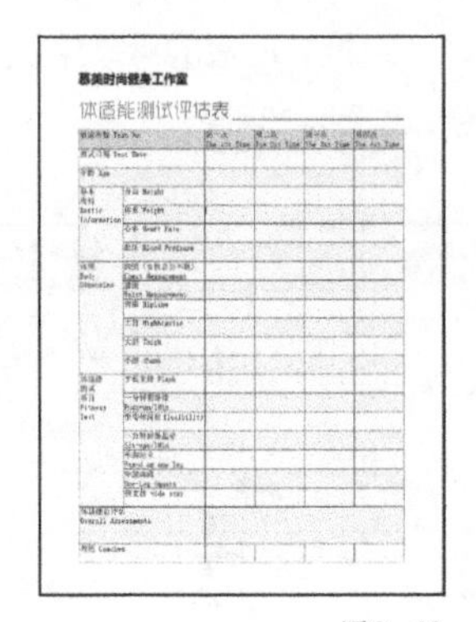

图8-43

打开“每日设计”App，搜索关键词SP090801,即可观看“实战案例：体适能测试评估表”的讲解视频。

# 商业设计实战篇

# 第 9 章
# 宣传折页设计

宣传折页是一种以纸为媒介的宣传流动广告，三折页宣传单是宣传折页的一种。使用InDesign可以实现宣传折页的设计。

本章将讲解宣传折页的相关知识，并以健身工作室的三折页宣传单为案例，详细讲解在InDesign 2022中三折页的制作步骤。

# 9.1 什么是宣传折页

宣传折页主要是指使用四色印刷机彩色印刷的单张广告。宣传折页按折数分为二折、三折、四折、五折、六折等，特殊情况下，机器折不了的工艺，还可以进行手工折页。

一些公司的介绍、产品的宣传或说明等，总页数不多，不方便装订，就可以做成折页。这样不仅可以提升视觉效果，还便于内容分类，如16K的三折页。

图9-1

宣传折页的常用纸张为128~210克铜版纸，过厚的纸张不建议采用折页的形式。为了提高折页的质感，折页通常会采用双面覆膜工艺，如图9-1所示。

为表现优秀的创意，可以将作品设计成异形的折页，如图9-2所示。

图9-2

# 9.2 宣传折页的特点

宣传折页具有针对性、独特性和整体性的特点。

## 9.2.1 针对性

宣传折页可以在销售旺季或产品流行期，针对相关企业和消费者，或是展销会、洽谈会等，进行邮寄、分发、赠送，以扩大企业或产品的知名度，加深消费者对产品的了解。

## 9.2.2 独特性

宣传折页自成一体，无须借助于其他媒体，不受宣传环境、公众特点、信息安排、版面等各种限制，又称为“非媒介性广告”。

宣传折页像书籍装帧一样，既有封面，又有内容。宣传折页的纸张、开本、印刷、邮寄和赠送对象等都具有独立性。

因为宣传折页有针对性和独立性的特点，所以要充分让它为产品广告宣传服务。应当从宣传折页的构思到形象表现，从开本到印刷、纸张都提出高要求，从而让消费者爱不释手。

宣传折页的独特性还体现在它的折叠方式上，常用的折叠方式有“平行折”和“垂直折”。现在还会有很多个性化定制的折页，使用特殊的工艺，或者手工制作。

“平行折”即每一次折叠都以平行的方向去折。如一张6页的折纸，将一张纸分为3份，左右两边在一面向内折入，称为“荷包折”；左边向内折、右边向反面折，称为“风琴折”；6页以上的风琴式折法，称为“反复折”。

“垂直折”即每一册折叠都以垂直的方向去折。如一张4页的折纸，将一张纸左右对折，然后垂直对折，打开之后纸张上是十字形的折痕，称为“十字折”。

## 9.2.3 整体性

宣传折页在实现新颖别致、美观、实用的开本和折叠方式的基础上，封面（包括封底）也要抓住产品的特点，封面形象需色彩强烈而显眼，但要注意与主题的适合；内页色彩应相对柔和、便于阅读。

宣传折页内页的设计应尽量做到图文并存，详细地反映产品的内容。对于专业性强的、精密复杂的产品，实物照片与工作原理图应并存，以便使用和维修。

在宣传折页的设计中，对于复杂的图文，要讲究排列的秩序性，并突出重点，封面、内页要保持形式、内容的连贯性和整体性，统一风格气氛，围绕一个主题展现。

# 9.3 什么是三折页宣传单

三折页宣传单是宣传折页的一种，指将宣传单按一定的顺序均匀折叠两次后分成三折，所以称为三折页。

三折页宣传单又称为三折页广告，跟宣传单页相比，三折页更加小巧，便于携带、存放和邮寄。同时，三折页宣传单可以将宣传内容划分为几块，便于阅读理解，宣传效果更佳。

一般通过5号信封邮寄的纸质宣传单会加工成三折页，如图9-3所示。

三折页宣传单在印刷工艺上跟宣传单页或海报大致相同。

在纸张选择上，印刷宣传单页通常使用157克或200克纸张；直邮广告通常使用80克和105克纸张。三折页通常使用的纸张为80克、105克、128克、157克、200克、250克等。

三折页的纸张类型除铜版纸、亚粉纸外，还可以选择轻涂纸、双胶纸及艺术纸印刷。

图9-3

印后可以附加覆膜（光膜或哑膜）、过油、上光等工艺。

折页设计一般分为两折页、三折页、四折页等，如图9-4所示。折页的数量根据内容确定。一些企业想让折页的设计出众，可在表现形式上采用模切等特殊工艺，来体现折页的独特性，进而加深产品在消费者心中的印象。

图9-4

# 9.4 三折页宣传单内容设计要点

三折页宣传单和单页宣传单在内容设计上的做法是一样的。宣传单内容设计的要点一般分为以下6点。

（1）主题（活动主题、产品宣传主题或服务主题）。

（2）广告语（活动广告语或者是产品、服务）。

（3）设计主图（根据文字内容确定的主要画面）。

（4）Logo（活动、产品、服务等）。

（5）正文（活动内容、产品介绍、服务介绍等）。

（6）联系方式（电话、联系人、邮箱、网址等）。

与单页宣传单不同的是，三折页宣传单会利用折页将宣传内容按折页顺序分开。

# 9.5 三折页宣传单尺寸设计注意事项

## 9.5.1 关门折三折页宣传单设计

关门折三折页宣传单的设计说明如下。

（1）关门折三折页设计时应注意叠在外面的页面应比叠在里面的页面宽，否则无法折叠。

（2）图9-5所示为关门折三折页宣传单设计示意图。彩色部分为成品实际尺寸，外框粗黑色部分为裁切掉的部分。

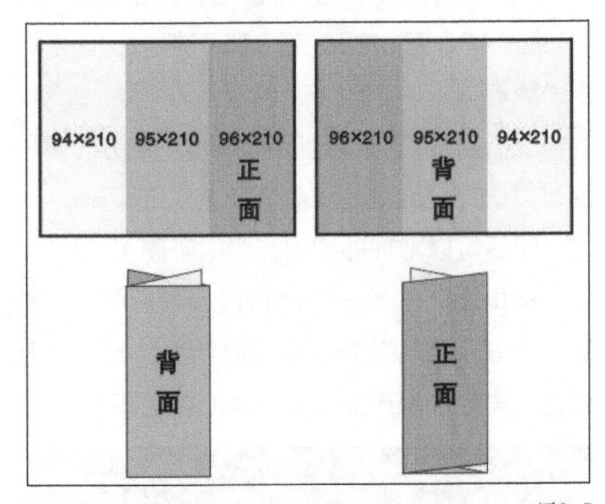


图9-5

## 9.5.2 风琴折三折页宣传单设计

风琴折三折页宣传单的设计说明如下。

（1）风琴折三折页宣传单在设计时应注意三面页面一样宽，否则无法折叠。

（2）图9-6所示为风琴折三折页宣传单设计示意图。彩色部分为成品实际尺寸，外框粗黑色部分为裁切掉的部分。

（3）其他设计注意事项参考彩页设计注意事项。

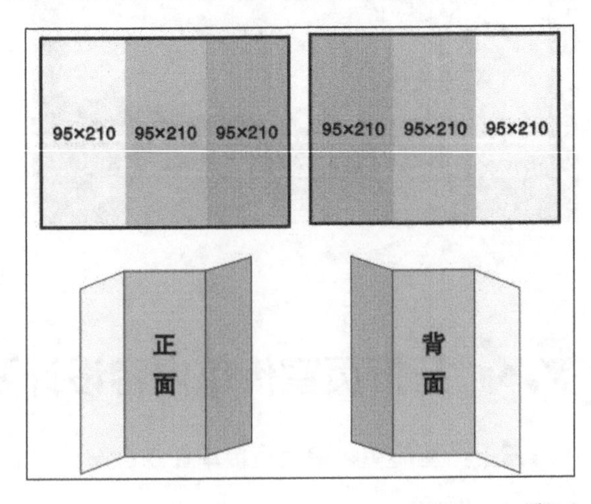


图9-6

# 9.6 健身工作室三折页宣传单

### 目标设计

健身工作室三折页宣传单设计要点

技术实现（InDesign 2022）

### 健身工作室三折页宣传单设计要点

此三折页是为慕美时尚健身工作室设计的宣传折页，具体的设计要求有以下3点。

（1）体现健身工作室的特色。

（2）设计理念要体现出运动产生美，与工作室名称“慕美”相呼应。

（3）简洁大方，结构清晰。

### 技术实现

**01** 启动InDesign 2022，新建一个文件，设置文件页面数为2，取消选择“对页”选项，将尺寸设置为285毫米（宽度）× 105毫米（高度），如图9-7所示。

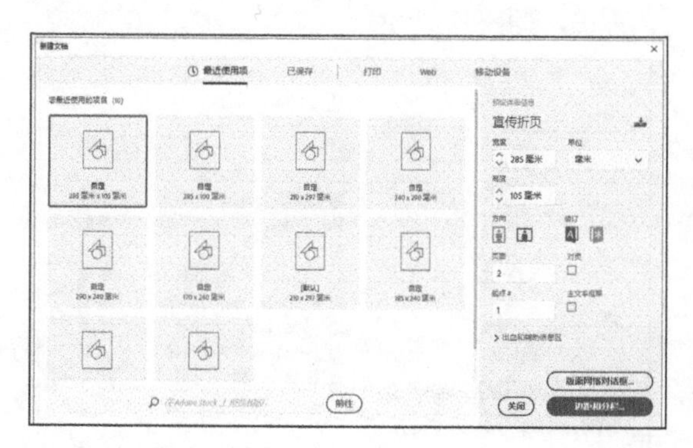


图9-7

**02** 单击“边距和分栏”按钮，在弹出的“新建边距和分栏”对话框中，将边距设置为10毫米，如图9-8所示。

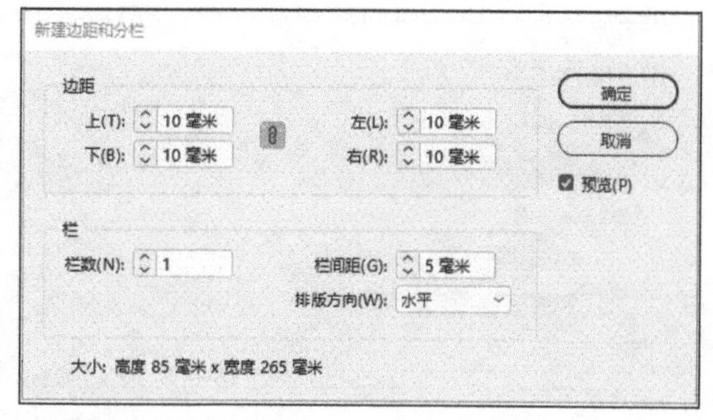


图9-8

**03** 单击“确定”按钮，打开新建的空白页面，如图9-9所示。

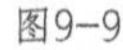

图9-9

**04** 从标尺中拉出2条参考线，将它们的位置分别设置为横向95毫米和190毫米，将页面分成3份，如图9-10所示。

图9-10

**05** 执行“文件→置入”命令，选中图片“健美-1”，单击“打开”按钮，如图9-11所示。

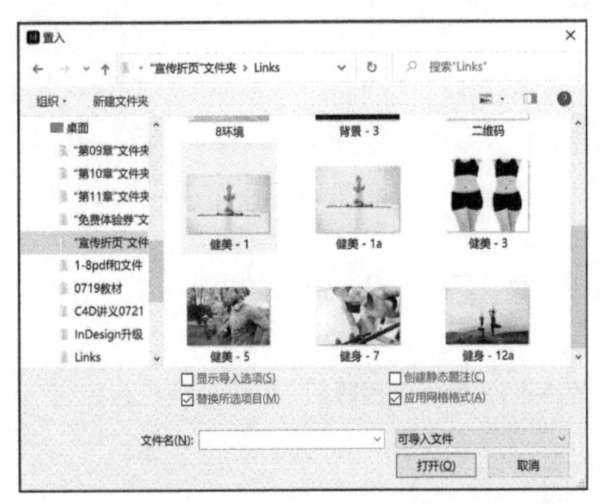


图9-11

**06** 页面中的鼠标指针包含缩略图片，如图9-12所示。

图9-12

**07** 按住鼠标左键拖曳一个范围，将图片置入拖曳的范围之内，调整大小，放置到页面1的最左边部分，如图9-13所示。

图9-13

**08** 在合适位置创建文本框，从Word文档中复制对应文字内容粘贴进来，并将字体设置为造字工房力黑（非商用），字号设置为18点，字体颜色设置为褐色，如图9-14所示。

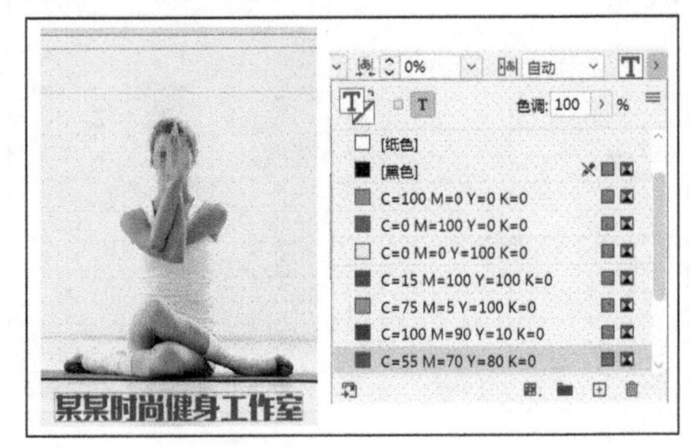


图9-14

**09** 用矩形工具在文字下方绘制一个矩形，并填充褐色，如图9-15所示。

图9-15

**10** 在矩形内用直线工具绘制几条线并将颜色设置为白色，如图9-16所示。

图9-16

**11** 将文字“专属于您的私人健身专家！”置入一个独立的文本框，将字体设置为方正兰亭细黑_GBK，字号设置为6点，字体颜色设置为白色，如图9-17所示。

图9-17

**12** 同理，将文字“极速燃脂瘦身”“快速增肌”“型男型女塑造”“核心力量训练”“亚健康康复训练”和“产后形体重塑”分别置入独立的文本框，将字体设置为方正兰亭细黑_GBK，字号设置为7点，字体颜色设置为黄褐色，如图9-18所示。

图9-18

**13** 使用竖排文字工具，创建一个文本框，将文字“跟我来，看我能为您做些什么？”粘贴进去，将字体设置为造字工房悦黑（非商用），字号设置为7点，字体颜色设置为黑色，如图9-19所示。

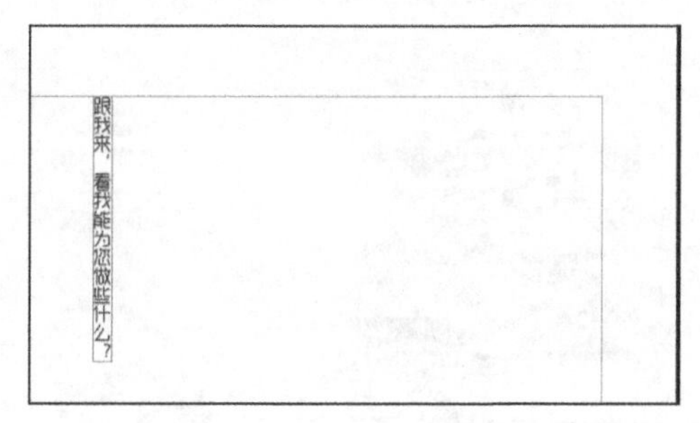


图9-19

**14** 同理，将文字“Come with me and see what I can do for you”置入独立的竖排文本框，将字体设置为Century Gothic，字号设置为6点，字体颜色设置为褐色，如图9-20所示。

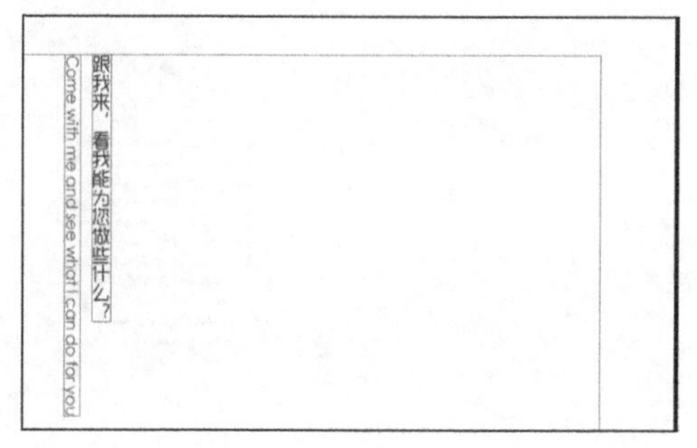


图9-20

**15** 将其他几个页面的文字内容依次粘贴进InDesign文档的页面中。将文字“Let me bring you here”的字体设置为Century Gothic，字号设置为6点，字体颜色设置为褐色。将文字“让我带您走进这里”的字体设置为造字工房悦黑（非商用），字号设置为7号，字体颜色设置为黑色，将剩下的文字字体均设置为方正兰亭细黑_GBK，字号设置为6点，最后一段文字设置为黄色，其余均为黑色，段首放上图标如图9-21和图9-22所示。

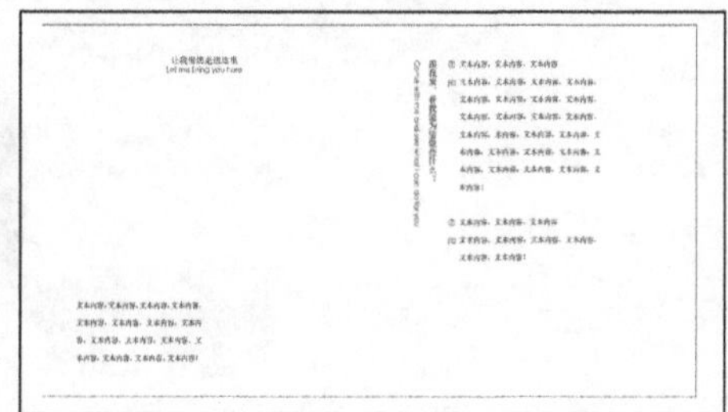

图9-21

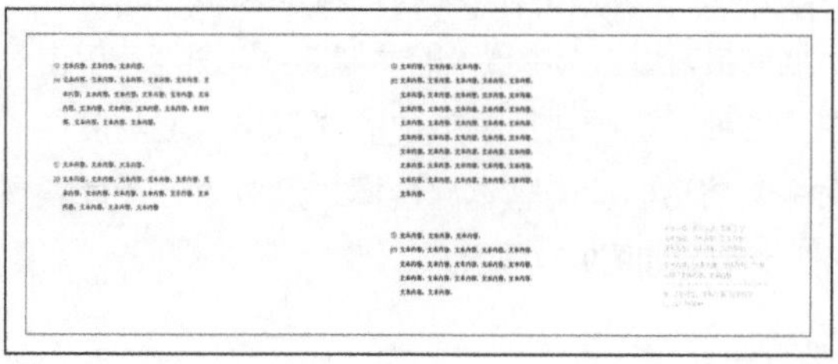

图9-22

**16** 在工具箱中单击“吸管”按钮，吸取07步骤中被置入图片的背景色，如图9-23所示。

图9-23

**17** 用矩形工具绘制一个矩形框，将第一个页面右侧没有背景色的部分全部包含在内。将吸取的背景色填充在矩形框中，统一宣传折页的整体色调，如图9-24所示。

图9-24

**18** 背景色填充完成后，单击鼠标右键，执行快捷菜单中的“排列→置为底层”命令，效果如图9-25所示。

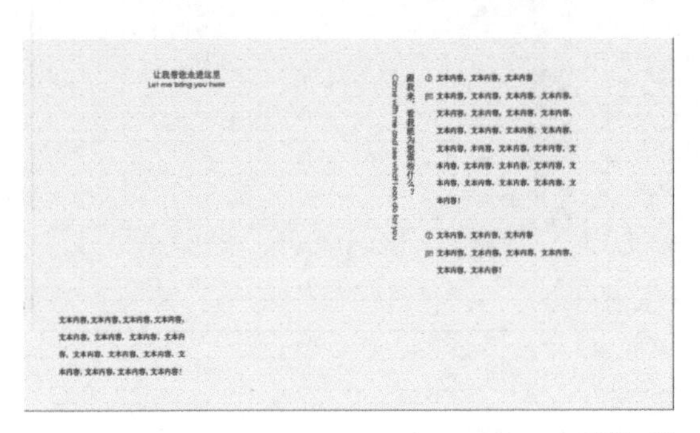

图9-25

**19** 为宣传折页添加其他元素，如健身工作室的内部环境图、周边图等，以及其他美化页面的素材。在第一个页面中间“让我带您走进这里”的下方添加健身工作室的照片，包括健身器材、室外环境和室内环境等。在第一个页面右边的文字下方添加健身图片。置入图片后的效果如图9-26所示。

图9-26

**20** 将图片“健美-3”置入，调整大小，放置到页面的最右边。选中置入的“健美-3”图片，单击鼠标右键，执行快捷菜单中的“效果→透明度”命令，将透明度的基本混合模式设置为“正片叠底”，效果如图9-27所示。

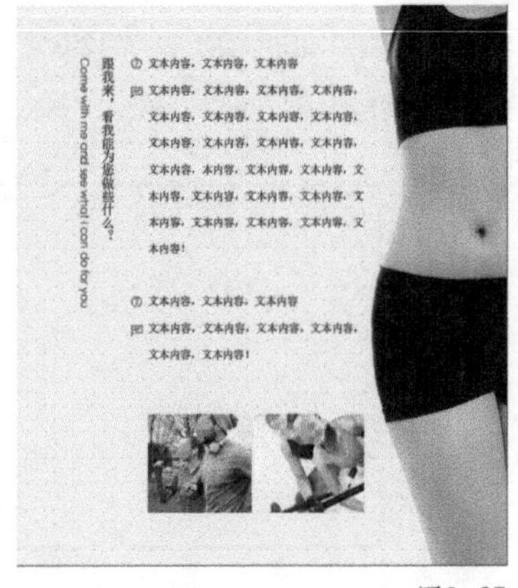


图9-27

**21** 在“健美-3”图片左边用钢笔工具在矩形框内沿着身体轮廓绘制10个锚点，使其连成一段弯曲的图形。在工具箱中单击“吸管”按钮，吸取皮肤的颜色，添加到色板。打开“色板”面板，执行“新建渐变色板”命令，设置一个从白色到皮肤颜色渐变的色板，将其应用到弯曲的图形中，如图9-28所示。

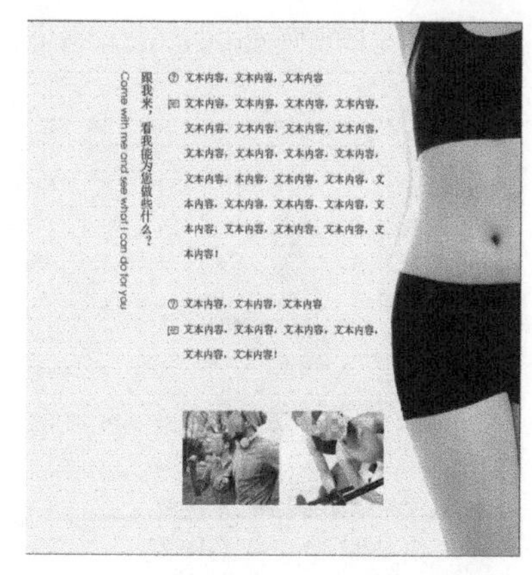

图9-28

**22** 将图片“健身-12a”置入第二个页面中，并将其置为底层，如图9-29所示。

图9-29

**23** 用矩形工具绘制一个矩形框，将第二个页面中间部分的文字全部覆盖住，将其背景色填充为白色，不透明度设置为70%，并将文字图层置为顶层，效果如图9-30所示。

图9-30

**24** 将图片“背景-3”置入，调整大小并放置到页面最右方的空白处，将其置为底层，如图9-31所示。

图9-31

**25** 将图片“二维码”置入并放到页面最后一段文字的左边，如图9-32所示。

图9-32

**26** 检查与调整画面中的细节和各个元素之间的大小与位置。最终效果如图9-33所示。

图9-33

打开“每日设计”App，搜索关键词SP090901,即可观看“实战案例：健身工作室三折页宣传单”的讲解视频。

# 第 10 章 画册设计

本章将讲解画册的相关知识，并以高尔夫宣传画册为案例详细讲解在InDesign 2022中画册的制作步骤。

# 10.1 什么是画册

画册是企业对外宣传自身文化、产品特点的广告媒介之一，属于印刷品。

画册展现的内容一般包括产品的外形、尺寸、材质、型号等，或是企业的发展、管理、决策、生产等一系列的内容介绍。画册的设计应注重创意、设计、印刷的每个环节，力求完美。设计师可依据企业文化、市场推广策略等因素，合理安排画册画面的构成关系和画面元素的视觉关系，以达到将企业品牌和产品广而告之的目的，如图10-1和图10-2所示。

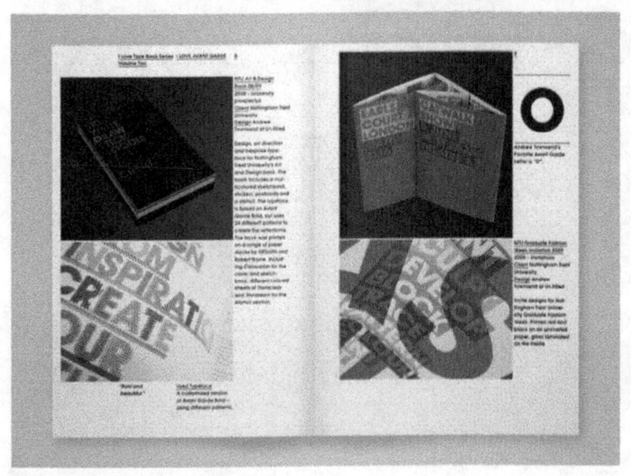

图10-1

图10-2

## 10.1.1 设计内容

### 1. 企业文化

为企业制作画册时，展现独特的企业文化是重点内容之一。企业文化是对企业长期经营活动和管理经验的总结，并能够成为企业区别其他同行的特质。企业文化是通过时间的积累和企业内部的共同努力形成的独特文化，具有唯一性。独特的企业文化是品牌价值的衡量标准之一，而画册的设计过程是对这一文化特质的反映和提炼。

### 2. 市场推广策略

画册的元素、版式、配色不但需要符合设计美学的构成关系，更重要的是完整地表达市场推广策略。市场推广策略的重点包括产品所针对的客户群、地域、年龄段、知识层等条件。例如，制作一本宣传儿童用品公司的画册需要完整表述企业乐观向上的精神面貌，配色要活泼可爱，版式要丰富有趣，产品罗列要有条不紊等。

## 10.1.2 画册设计分类

画册设计一般分为以下5类。

（1）企业形象画册设计。

（2）企业产品画册设计。

（3）宣传画册设计。

（4）企业年报画册设计。

（5）型录画册设计。

# 10.2 设计要素

## 10.2.1 设计原则

### 1. 先求对，再求妙

精彩的创意点子令人眼睛一亮，印象深刻，但正确的诉求才会改变人的态度，影响人的行为。例如，在做服装画册时，高明的设计师会利用模特的身体语言来充分展现设计师的精心制作，而不是让模特自身掩盖服饰的风采，否则这本画册就失去了原本的意义。再好的创意，如果不能有效地传达信息，都是失败的。

### 2. 锁定画册的目标对象

好的画册创意通常是以用户为核心。画册是做给用户看的，创意人员需要极为深刻地揣摩用户的心态，这样的创意才容易引起共鸣。

### 3. 一针见血

文学家或导演有几十万字的篇幅或两小时的时间说故事，宣传画册只有很有限的文字和页面可以表达想法。因此，创意人员要能迅速地抓住重点进行表现。

### 4. 简单明了

宣传画册是一种手段而不是一种目的，是用户做决策的参考。多半情况下，用户是被动地接受画册上传递的信息，越容易被知觉器官吸收的信息也就越容易侵入他的潜意识。不要高估用户对信息的理解和分析能力，尤其是高层的决策人员，他们没有太多时间去思考这些创意。因此，创意要简单明了，易于联想。

### 5. 合乎基本常识

曾经有一家眼镜店的海报画面是用插画的形式呈现一个青色的瓜果，标题写到“这是XIGUA or QINGGUA？”，副标题是“如果你分不出来，表示你该换眼镜了”。其实这个广告很有想法，但是对消费者而言却很难理解，这就降低了广告的说服力。

### 6. 将创意文字化和视觉化结合

有一位文案创作人员奉命为画册配标题，画面是一辆拖着光影、似乎在高速行驶的汽车，他想了很久，没有合适的文案，勉强用“将一切远远抛在后面”作为标题，以表现汽车加速凌厉的特性，但这个标题只是勉强与画面匹配，并不能完全展现画册的生命力。所以，设计师能够巧妙地将创意文字化和视觉化结合才能创造更好的设计。

## 10.2.2 设计规律

### 1. 形态定位

要创造展现主题的最佳形态，适应阅读的最新画册造型，最重要的是依据画册内容的不同赋予其合适的外观。设计师不仅要拥有无限的好奇心，还要拥有天马行空的想法，才能塑造出全新的画册形态，使其在众多画册中脱颖而出。

**2. 物化呈现**

理解和掌握物化过程是完美体现设计理念的重要条件。画册设计是一种“构造学”，是一个将艺术与工学融合在一起的过程，每一个环节都不能单独地割裂开。画册设计是设计师对内容主体感性的萌生、知性的整理、信息空间的经营、纸张个性的把握以及工艺流程的兑现等一系列物化体现的掌控。

**3. 语言表达**

画册设计的语言由诸多形态组合而成，语言是人类相互交流的工具，是情感互动的中介。例如，书面文字语言，有不同的文体；图像语言，有多样的手法。画册语言更像一个戏剧大舞台，信息逻辑语言、图文符号语言、传达构架语言、画册五感语言、材质性格语言、翻阅秩序语言等，均在创造内容与人之间令用户感动的画册语言。

### 10.2.3 设计元素

**1. 画册设计概念元素**

所谓概念元素是那些不是实际存在的、不可见的，但人们的意识又能感觉到的东西。例如，看到尖角的图形会感觉到上面有点；看到物体的轮廓会感觉到上面有边缘线。概念元素包括点、线和面。

**2. 画册设计视觉元素**

概念元素若不在实际的设计中加以体现将没有意义。概念元素通常是通过视觉元素体现的。视觉元素包括图形的大小、形状、色彩等。

**3. 画册设计关系元素**

视觉元素在画面上的组织、排列通常靠关系元素来决定。关系元素包括方向、位置、空间、重心等。

**4. 画册设计实用元素**

实用元素指设计所表达的含义、内容、设计的目的及功能。

**5. 画册设计最重要的元素**

画册设计最重要的元素是企业产品、行业情况以及企业形象等，结合这些元素设计出来的画册一眼就能让受众识别到企业的特征。

### 10.2.4 设计特点

画册设计通常包含以下4项特点。

（1）经过精心策划，素材组织合理、脉络清晰，最大程度配合画册的使用目标。

（2）文案内容精彩，画面创意独特，能够对画册的目标用户产生较强的吸引力。

（3）图片摄影清晰，文字排版、画面结构符合较高的审美要求。

（4）印刷制作精美，无印刷、装订错误。

# 10.3 画册设计的准则

企业画册设计的成功与否在于画册设计的定位。首先要做好与客户的沟通工作，明确画册设计的风格定位。还要了解企业文化、产品特点、行业特点及定位等内容，这些都可能影响画册设计的风格。优秀的画册设计离不开与客户的沟通和配合，设计师只有了解客户的消费需要，才能给客户创造出有实际效用的画册。

企业画册设计应从企业自身的性质、文化、理念、地域等方面出发，来体现企业的精神。画册的封面设计更注重对企业形象的高度提炼，应当采用恰当的创意和表现形式来展示企业的形象，这样画册才能给消费者留下深刻的印象，加深消费者对企业的了解。

产品画册的设计着重从产品本身的特点出发，分析出产品要表现的属性，运用恰当的表现形式来体现产品的特点，这样才能增加消费者对产品的了解，进而促进产品的销售。

总之，不论是企业画册设计，还是产品画册设计，都离不开事先与客户进行沟通，这样才能更好的设计出客户想要的画册效果。

# 10.4 三大误区

## 10.4.1 误区一：重设计，轻策划

一本优秀宣传画册的诞生，不仅需要好的创意和设计，更需要优秀的前期策划。画册的前期策划和文案就像拍摄电影时的剧本一样重要，优秀的画册策划能够给予设计师清晰的思路，优秀的文案能够提升画册的文化内涵和品味。

高水平的设计师能够解决元素的取舍、构图、排版、留白、版式等设计问题，而前期的策划和文案来源于企业自身实力的打造和企业文化的凝练。若不注意平时的积累，采取临时抱佛脚的办法，设计再精美、再酷炫，也只是换来一声“这本画册设计得很棒”，而不是这家企业很棒。

因此，对于一本优秀的画册而言，设计和策划同样重要。

## 10.4.2 误区二：外行指导内行

外行指导内行这一点，相信很多身在设计和广告行业的人员深有体会。当然，正常与客户或文案人员的探讨不在此列。

这里所说的外行指导内行是指在涉及配色、空间布局、整体的美感等方面，全无一点美学

基础的外行来指导专业的设计师，强行要求改变一些设计内容。这样的作品，充其量是设计师按照客户的意思排版而已，难称设计。

专业的设计公司会在设计前与客户进行充分沟通和讨论，在涉及整体的配色、版式、风格上达成一致。在接下来的具体设计中，设计师充分发挥自己的创意和设计，后期与客户沟通时再做细节上的调整。

### 10.4.3 误区三：重设计，轻工艺

前面已经讲到过，一本优秀的画册要有优美、可读性强的文字，精美的设计。在这里要说明的是画册的材质和印刷工艺也特别重要，这本身也是画册设计的一环。

随着印刷工艺的提高，各种特种纸张和特殊工艺出现，画册制作得越来越精良。这一倾向首先体现在一些高档的楼盘和会所当中，未来特殊工艺将会被越来越多的企业关注。

## 10.5 实战案例：高尔夫活动画册

**目标设计**

高尔夫活动画册设计要点

技术实现（InDesign 2022+Photoshop综合运用）

**高尔夫活动画册设计要点**

此画册是为北京高尔夫文化有限公司设计的一次活动宣传，具体的设计要求有以下3点。

（1）体现本次高尔夫溯源之旅的特色。

（2）设计理念要体现出活动的具体内容和特点。

（3）简洁大方，结构清晰。

**技术实现**

**01** 启动InDesign 2022，新建一个文件，命名为“高尔夫宣传画册”，设置其页数为10页，勾选“对页”选项，将尺寸设置为210毫米（宽度）×145毫米（高度），如图10-3所示。

图10-3

**02** 单击“边距和分栏”按钮，在弹出的“新建边距和分栏”对话框中设置其边距和分栏，单击“确定”按钮，如图10-4所示。

新建边距和分栏

边距

上(T): 20 毫米　内(I): 20 毫米

下(B): 15毫米　外(O): 20 毫米

栏

栏数(N): 3　栏间距(G): 8 毫米

排版方向(W): 水平

大小: 高度 105 毫米 x 宽度 170 毫米

确定　取消　预览(P)

图10-4

**03** 打开新建的空白页面，如图10-5所示。

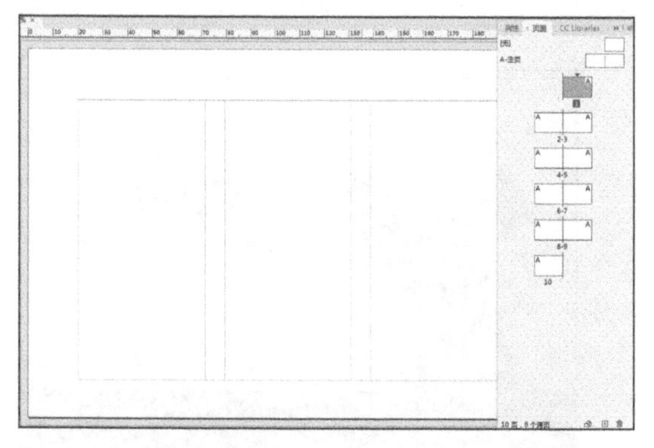

图10-5

**04** 在页面1中用矩形工具绘制两个矩形框，分别填充淡黄色和黑色，如图10-6所示。

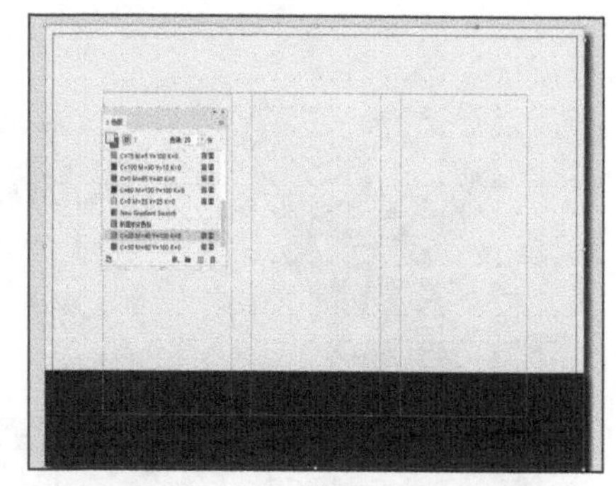

图10-6

**05** 按【Ctrl】+【D】快捷键，将“封面图1”图片导入页面1中，如图10-7所示。

图10-7

**06** 选中导入的图片后，单击鼠标右键，执行快捷菜单中的“变换→水平翻转”命令，如图10-8所示。

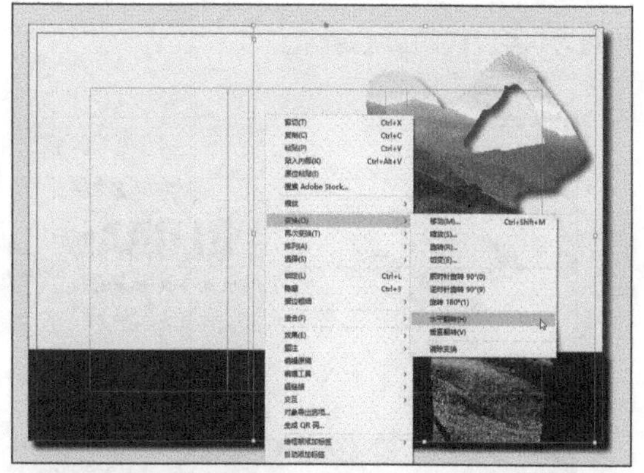

图10-8

**07** 调整翻转后的图片位置，如图10-9所示。

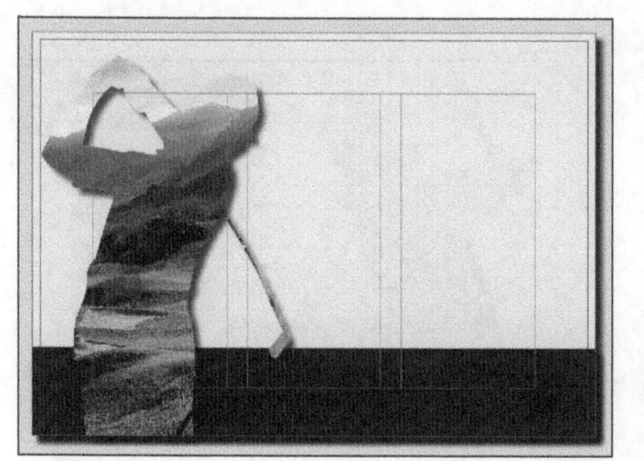

图10-9

**08** 用文字工具创建一个文本框，输入图10-10所示文字，将字体设置为方正兰亭中黑_GBK，字号设置为20点。

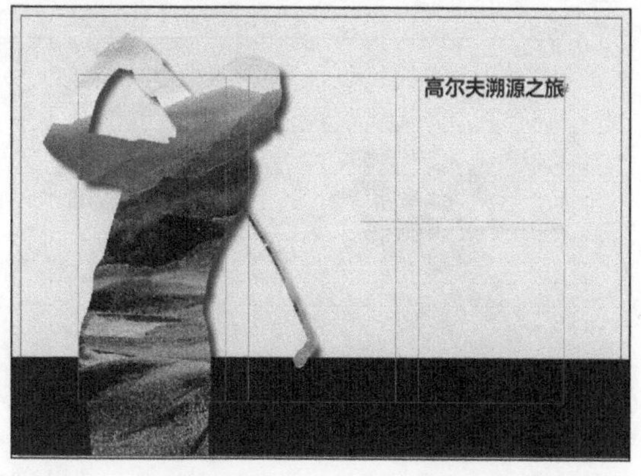


图10-10

**09** 创建文本框，输入图10-11所示文字，将字体设置为Helvetica Neue Extra Black Cond，字号分别设置为62点和17点，如图10-11所示。

图10-11

**10** 用直线工具在文字下绘制一条直线，粗细设置为0.25点，如图10-12所示。

图10-12

**11** 在短线下创建一个新的文本框，输入文字，将字体设置为方正细等线简体，字号设置为8点，行距设置为14点，如图10-13所示。

图10-13

**12** 使用矩形工具绘制一个矩形框，填充白色，放置在图10-14所示的位置，用于放置二维码。

图10-14

**13** 继续创建文本框，输入文字，将字体设置为方正兰亭中黑_GBK，字号设置为10点，字体颜色设置为白色，如图10-15所示。

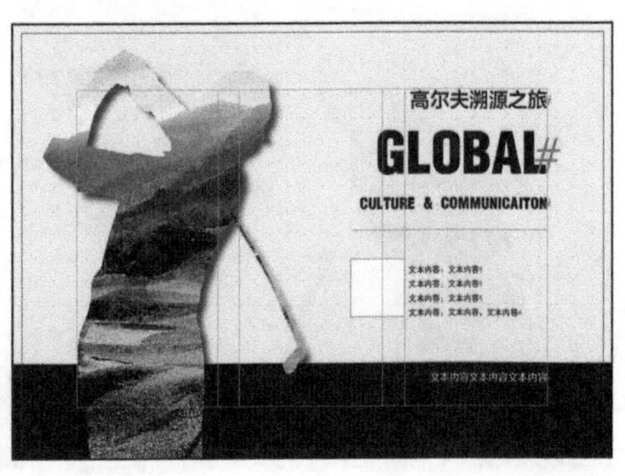


图10-15

**14** 至此，封面设计完成，效果如图10-16所示。

图10-16

**15** 按【Ctrl】+【D】快捷键，将“高尔夫球场”图片置入页面2、3中，使其跨页显示，如图10-17所示。

图10-17

**16** 在页面3右上方创建一个文本框，输入文字，将字体设置为方正黄草_GBK，字号设置为16点，行距设置为18点，颜色设置为棕色，如图10-18所示。

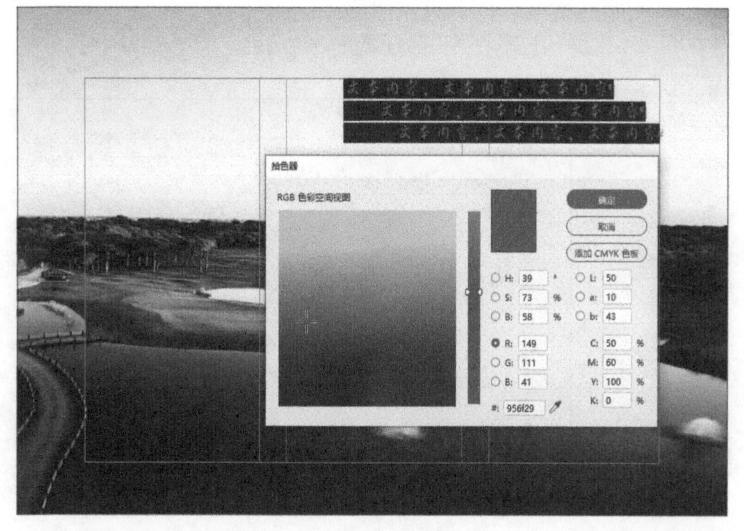


图10-18

**17** 页面2、3的效果如图10-19所示。

图10-19

**18** 打开“页面”面板，双击进入“A-主页”，在“A-主页”的右页键入图10-20所示矩形框和文字，将文字字体分别设置为Helvetica Neue LT Std 37 Thin Condensed和Helvetica Neue LT Std 75 Bold，颜色分别设置为黄色，字号分别设置为8点和10点。

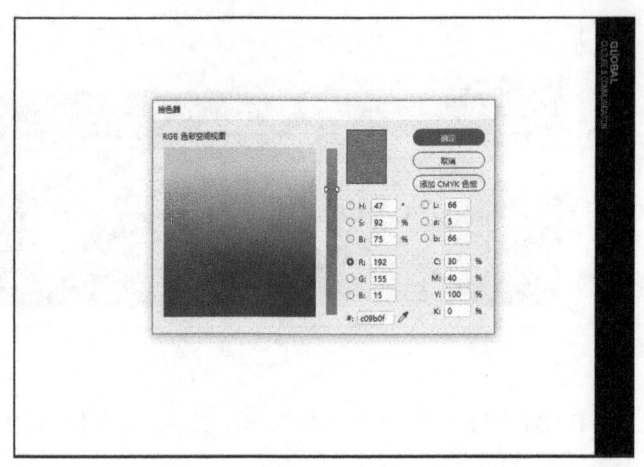

图10-20

**19** 将“A-主页”的其余空白部分填充为淡黄色，如图10-21所示。

图10-21

**20** 选中“A-主页”后单击鼠标右键，执行快捷菜单中的“将主页应用于页面”命令，将“A-主页”应用于4-9页（指4到9页），如图10-22所示。

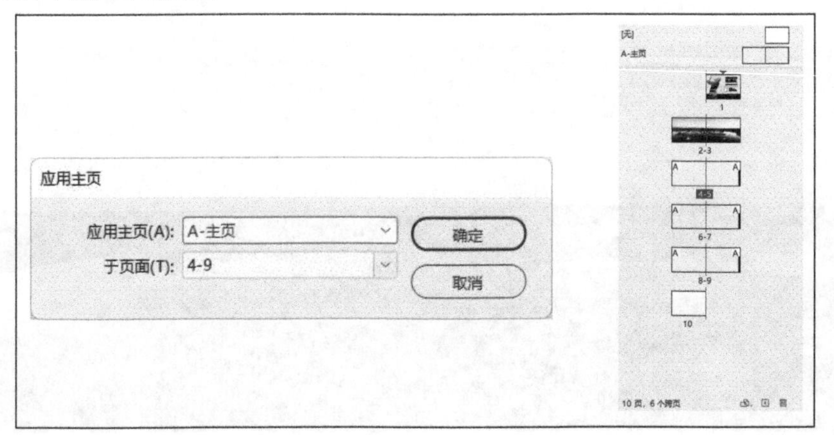


图10-22

**21** 使用文字工具在页面4中创建三个文本框，输入文字，将标题的字体设置为方正兰亭特黑简体，字号设置为20点，颜色设置为棕色；将其余文字字体设置为方正细等线简体，字号设置为8点，行距均设置为15点，如图10-23所示。

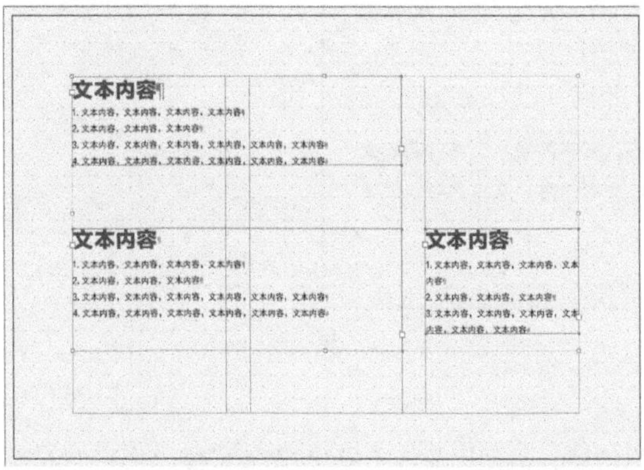

图10-23

**22** 再创建两个文本框，输入文字，将它们的字体设置为方正兰亭准黑_GBK，字号设置为10点，颜色设置为黄色，如图10-24所示。

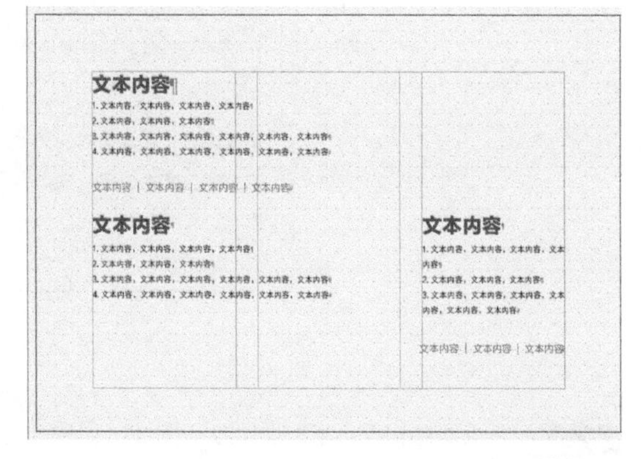


图10-24

**23** 在页面5中创建文本框，输入图10-25所示的文字，将字体设置为Edwardian Script ITC，字号设置为35点，颜色设置为黄色。

图10-25

**24** 创建文本框，输入“（6721码，标准杆72）老球场”，将它们的字体设置为方正兰亭中黑_GBK，字号设置为8点，颜色设置为黄色，如图10-26所示。

图10-26

**25** 用椭圆工具绘制一个直径3.7毫米的圆，将其描边粗细设置为0.25点，颜色设置为黄色，将其复制后粘贴2次，使3个圆分别覆盖住文字“老球场”，如图10-27所示。

图10-27

**26** 创建两个文本框，输入文字，分别将字体设置为华文隶书和方正细等线简体，字号分别设置为10点和8点，行距分别设置为12点和15点，英文字体颜色设置为黄色，如图10-28所示。

图10-28

**27** 置入“圣安德鲁斯”和“附件2”图片，调整到合适位置，再使用直线工具绘制6条直线，将它们的描边粗细设置为0.25点，颜色设置为黄色，效果如图10-29所示。

图10-29

**28** 同理，排出页面6、7、8，效果如图10-30所示。

图10-30

**29** 在页面9上方创建文本框，输入文字，将字体设置为方正兰亭黑简体，字号设置为20点，间距设置为15点，颜色设置为黄色，如图10-31所示。

图10-31

**30** 在文字下方执行“表→创建表”命令，创建图10-32所示的表。

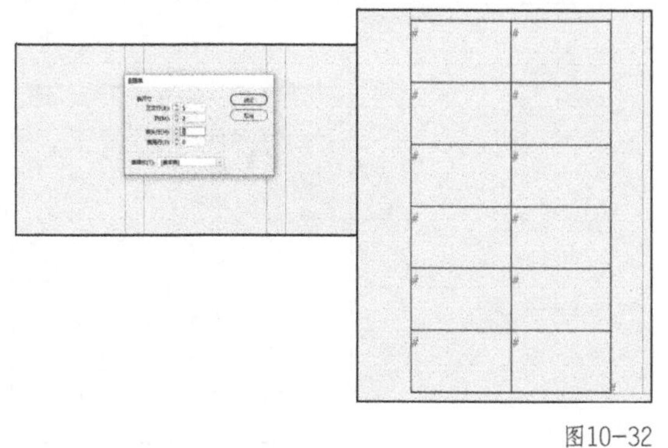

图10-32

**31** 将表头填充为淡黄色，并输入表头文字，将字体设置为方正兰亭中黑_GBK，字号设置为7点，颜色设置为黄色，如图10-33所示。

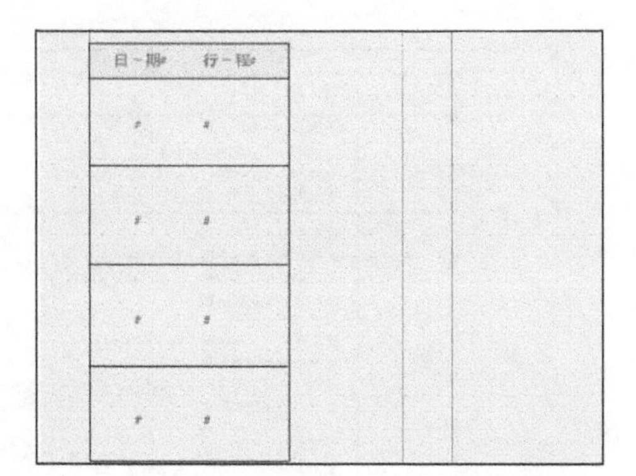


图10-33

**32** 调整表的单元格长度和宽度，如图10-34所示。

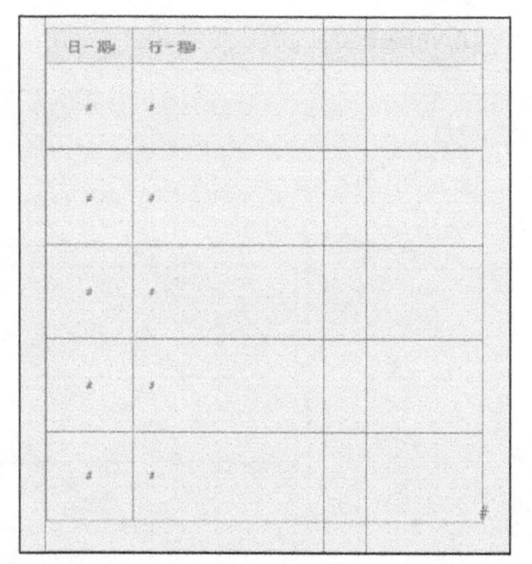


图10-34

**33** 用文字工具创建两个小的文字框，分别输入“第”和“天”，将字体设置为方正中等线_GBK，字号设置为7点，颜色设置为黄色，如图10-35所示。

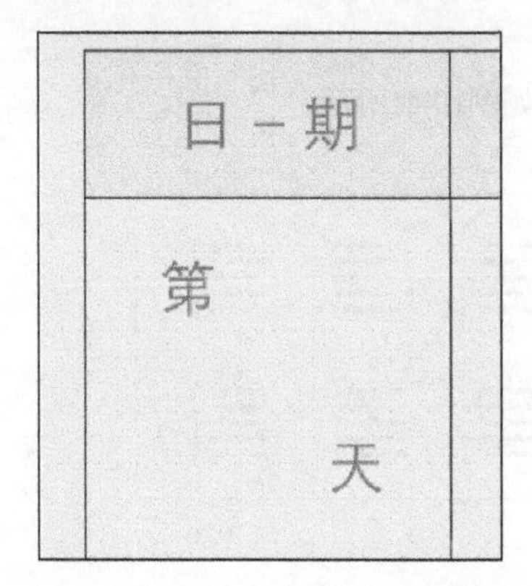


图10-35

**34** 用直线工具绘制一条斜线，将其描边粗细设置为0.25点，颜色设置为黄色，如图10-36所示。

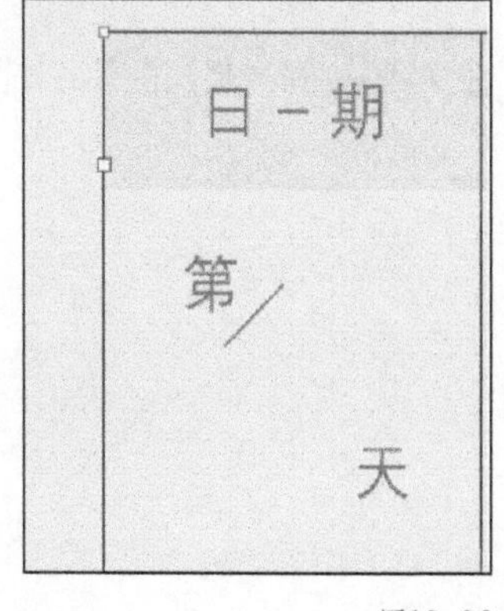


图10-36

**35** 再用文字工具创建一个文字框，输入“1”，将其字体设置为Helvetica-Condensed-Black se，字号设置为28，颜色设置为黄色，如图10-37所示。

图10-37

**37** 复制上述编组，粘贴到“日期”下的单元格，将数字“1”分别改为“2”“3”“4”“5”，如图10-39所示。

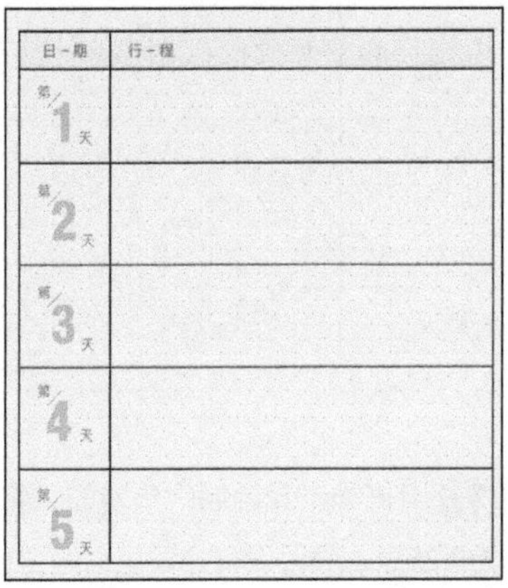

| 日 - 期 | 行 - 程 |
| --- | --- |
| 第1天 | |
| 第2天 | |
| 第3天 | |
| 第4天 | |
| 第5天 | |

图10-39

**36** 选中上述3个文字框和一条斜线，单击鼠标右键，选择编组，使它们成为一个整体，如图10-38所示。

图10-38

**38** 将“行程”对应的文字粘贴到单元格中，将第一行字体设置为方正黑体简体，其余字体设置为方正细等线简体，字号均设置为7点，行距设置为10点，如图10-40所示。

| 日 - 期 | 行 - 程 |
| --- | --- |
| 第1天 | 文本内容 - 文本内容<br>文本内容 - 文本内容，文本内容<br>文本内容 - 文本内容，文本内容，文本内容<br>文本内容 - 文本内容 |
| 第2天 | 文本内容 - 文本内容<br>文本内容 - 文本内容，文本内容<br>文本内容 - 文本内容，文本内容，文本内容<br>文本内容 - 文本内容 |
| 第3天 | 文本内容 - 文本内容<br>文本内容 - 文本内容，文本内容<br>文本内容 - 文本内容，文本内容，文本内容<br>文本内容 - 文本内容 |
| 第4天 | 文本内容 - 文本内容<br>文本内容 - 文本内容，文本内容<br>文本内容 - 文本内容，文本内容，文本内容<br>文本内容 - 文本内容 |
| 第5天 | 文本内容 - 文本内容<br>文本内容 - 文本内容，文本内容<br>文本内容 - 文本内容，文本内容，文本内容<br>文本内容 - 文本内容 |

图10-40

**39** 选中全部表格，将文字对齐方式设置为左对齐，如图10-41所示。

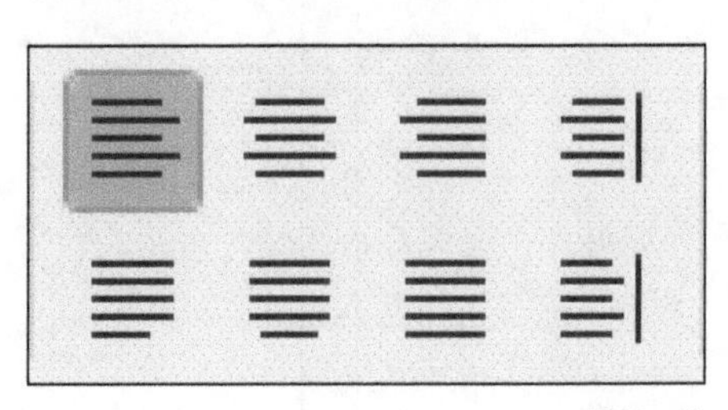

图10-41

**40** 选中表格的全部框线，将描边粗细设置为0点，如图10-42所示。

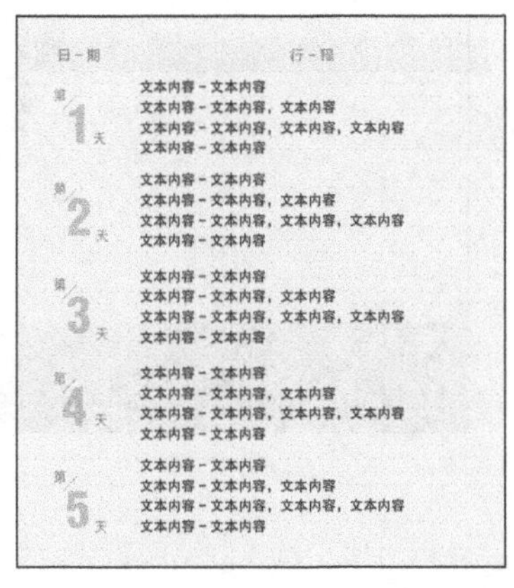

图10-42

**41** 在表格内用直线工具绘制13条直线，将它们的描边粗细设置为0.25点，颜色设置为黄色，如图10-43所示。

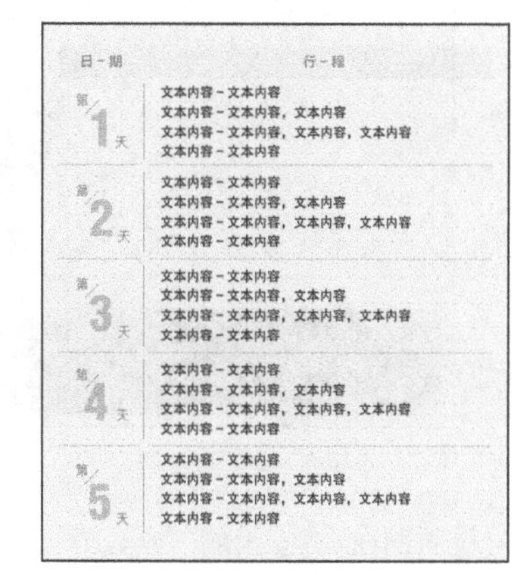

图10-43

**42** 选中表格中所有元素后对它们进行编组，复制这个编组，将其粘贴到原表格的右边，将数字“1”“2”“3”“4”“5”分别改为“6”“7”“8”“9”“10”，并对“行程”文字进行替换，如图10-44所示。

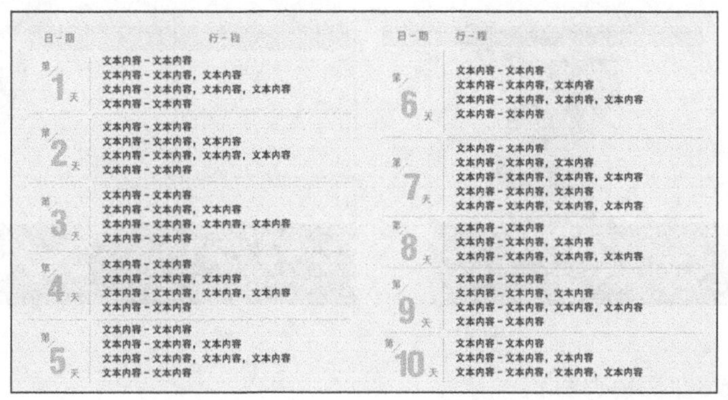

图10-44

**43** 在表格下方创建一个文本框，输入文字，将其字体设置为方正细等线简体，字号设置为8点，间距设置为15，颜色设置为棕色，如图10-45所示。

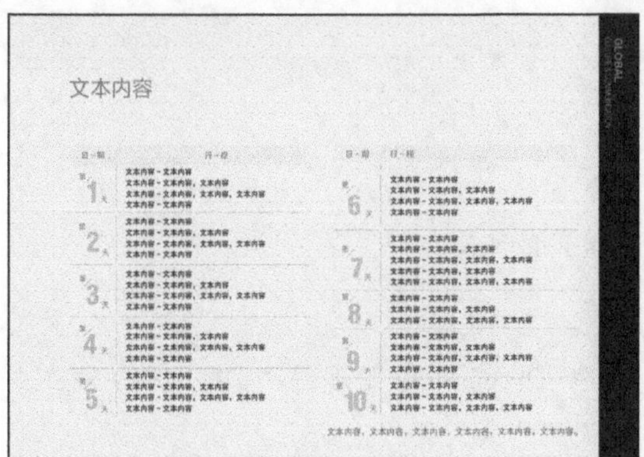

图10-45

**44** 将页面1中的黑色矩形和淡黄色矩形复制到页面10中，如图10-46所示。

图10-46

**45** 再次置入“封面图1”，如图10-47所示。

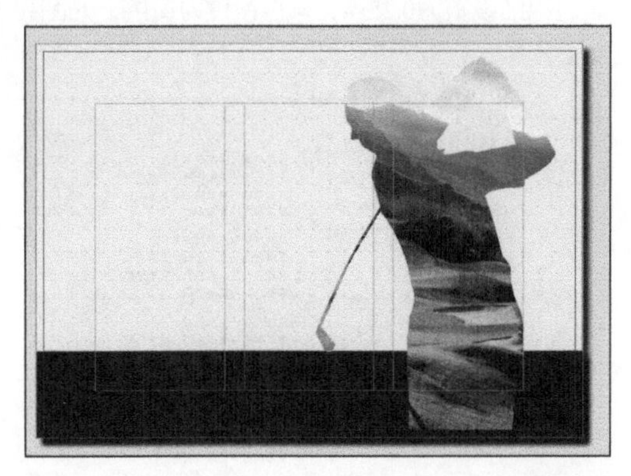

图10-47

**46** 创建两个文本框，输入图10-48所示文字。

图10-48

**47** 再创建3个文本框，输入文字，将它们的字体设置为方正细等线简体，字号设置为7点，颜色设置为黄色，如图10-49所示。

图10-49

**48** 用直线工具绘制两条直线，将其描边粗细设置为0.25点，颜色设置为黄色，如图10-50所示。

图10-50

**49** 完成封底的设计，效果如图10-51所示。

图10-51

打开“每日设计”App，搜索关键词SP091001,即可观看“实战案例：高尔夫活动画册”的讲解视频。